Manfred Rübel
Ulrich Schaarschmidt

Elektronik-Aufgaben
Digitale Schaltungen und Systeme

Aus dem Programm Grundstudium

Mathematik für Ingenieure und Naturwissenschaftler
von L. Papula, 3 Bände

Mathematik für Ingenieure und Naturwissenschaftler Übungen
von L. Papula

Mathematische Formelsammlung für Ingenieure und Naturwissenschaftler
von L. Papula

Experimentalphysik für Ingenieure
von H.-J. Schulz, J. Eichler, M. Rosenzweig, D. Sprengel und H. Wetzel

Lehr- und Übungsbuch der Technischen Mechanik
von H. H. Gloistehn, 3 Bände

Elektrotechnik für Ingenieure
von W. Weißgerber, 3 Bände

Elemente der angewandten Elektronik
von E. Böhmer

Elektronik
von B. Morgenstern, 3 Bände

Simulieren mit PSpice
von D. Ehrhardt und J. Schulte

Arbeitshilfen und Formeln für das technische Studium
Band 4: Elektrotechnik, Elektronik, Digitaltechnik
von W. Böge

Elektrische Meßtechnik
von K. Bergmann

Werkstoffkunde für die Elektrotechnik
von P. Guillery, R. Hezel und B. Reppich

Vieweg

Manfred Rübel
Ulrich Schaarschmidt

Elektronik-Aufgaben Digitale Schaltungen und Systeme

Alle Rechte vorbehalten
© Friedr. Vieweg & Sohn Verlagsgesellschaft mbH, Braunschweig/Wiesbaden, 1996

Der Verlag Vieweg ist ein Unternehmen der Bertelsmann Fachinformation GmbH.

Das Werk einschließlich aller seiner Teile ist urheberrechtlich geschützt. Jede Verwertung außerhalb der engen Grenzen des Urheberrechtsgesetzes ist ohne Zustimmung des Verlags unzulässig und strafbar. Das gilt insbesondere für Vervielfältigungen, Übersetzungen, Mikroverfilmungen und die Einspeicherung und Verarbeitung in elektronischen Systemen.

Gedruckt auf säurefreiem Papier

ISBN 978-3-528-07429-6 ISBN 978-3-322-90802-5 (eBook)
DOI 10.1007/978-3-322-90802-5

Vorwort

Lang ist der Weg durchs Lehren,
kurz und erfolgreich durch Beispiele.

Seneca

Sie haben ein Übungsbuch mit Beispielen vor sich, die im Laufe von mehr als 20 Jahren als Klausur - oder Übungsaufgaben begleitend zur Vorlesung 'Nachrichtenverarbeitung' gerechnet wurden. Der Vorlesungsstoff wird in dem im gleichen Verlag erscheinenden Lehrbuch 'Morgenstern, B.: Elektronik III, Digitale Schaltungen und Systeme' [1] behandelt.

Aus eigener Erfahrung bringen abstrakte Übungen, bei denen das eigentliche Übungsziel durch ein zu komplexes Beispielumfeld verdeckt wird, nicht viel. Wir haben deshalb versucht, plakative Aufgabenstellungen mit überzeugenden Lösungswegen so darzustellen, daß sie begreifbar sind. Auf der einen Seite steht die Schwierigkeit, sich Übungsaufgaben auszudenken, die interessant und anschaulich sind, auf der anderen Seite lassen sich die Lösungen meist nicht unmittelbar in industriellen Applikationen einsetzen. Es wurden vereinfachende Annahmen getroffen, auf die im Text an entsprechender Stelle hingewiesen und damit zu eigenen Überlegungen angeregt wird. Hiervon sind u. a. idealisierte Zeitliniendiagramme, Schalt- und Laufzeiten, Störimpulse und Sicherheitsaspekte von Schaltwerken in realer Umwelt betroffen.

Bei einigen Aufgaben und Musterlösungen beziehen wir uns auf Quellen im Lehrbuch [1]. Lösungen können aber auch ohne dieses bzw. mit Hilfe anderer Literatur (z. B. Befehlssatz des MCS6502) erarbeitet werden.

Programmierbare Logikbausteine (PLD) werden aufgrund des hohen Stellenwertes in der Praxis dem Lehrbuch [1] gegenüber verstärkt eingeführt.

Das Buch ist in einen Aufgaben- und einen ausführlichen Lösungsteil mit jeweils 5 themenbezogenen Kapiteln gegliedert.

Wir danken unseren ehemaligen Kollegen Prof. Dr.-Ing. Jürgen Missun, Dipl.-Ing. Dietmar Seifert und Dr.-Ing. Hans-Ulrich Thiel, die für diese Aufgabensammlung Ideen und Aufgaben beigesteuert haben. Unser Dank gilt ebenso Herrn Prof. Dr.-Ing. Bodo Morgenstern, der durch seine Lehrbücher dieses Übungsbuch ausgelöst und ihm den letzten Schliff beim Korrekturlesen erteilt hat.

Viel Spaß und Erfolg beim Durcharbeiten wünschen die Autoren.

Hamburg, im Juni 1996

Manfred Rübel　　　　Ulrich G. Schaarschmidt

Inhaltsverzeichnis

Aufgaben

Lösungen

1 Zahlensysteme

Die Komplementdarstellung negativer Zahlen gestattet die Verwendung eines Addierers zur Durchführung der Subtraktion. Man bildet das Komplement, also die Ergänzung zur nächsthöheren Potenz der Basis: Für negative Dualzahlen wird die Differenz zur nächsthöheren Zweierpotenz und für negative Dezimalzahlen die Differenz zur nächsthöheren Zehnerpotenz berechnet. Das Zweierkomplement bildet man üblicherweise durch Bestimmung des Einerkomplementes mit nachfolgender Addition einer 1. Dies läßt sich, wie nachfolgend beschrieben, sehr schnell im Kopf rechnen.

positiver Zahlenwert:		%01 0110 1000	
Einerkomplement:		%10 1001 0111	
Addition der 1 :	+	% 1	
Ergebnis (Zweierkomplement):		%10 1001 1000	Darstellung des negativen Wertes

Wenn aus dem unmittelbaren Zusammenhang nicht zweifelsfrei erkennbar ist, daß es sich um Binärzahlen handelt, werden sie durch ein vorangestelltes %-Zeichen gekennzeichnet, ebenso werden Hexadezimalzahlen (Sedezimalzahlen) durch ein vorangestelltes $-Zeichen und Oktalzahlen durch ein vorangestelltes Q markiert.

Die Bildung des Einerkomplementes führt dazu, daß binäre Nullen zu Einsen werden und umgekehrt. Im Beispiel wird bei der anschließenden Addition der 1 infolge des jeweils auftretenden Übertrages an den niederwertigsten drei Stellen wieder eine 0 erzeugt. An der 4. Stelle (von rechts) entsteht kein Übertrag, da im Einerkomplement eine 0 steht; die aus der 3. Stelle übertragene 1 erscheint im Ergebnis. Auf alle davorliegenden Stellen hat die Addition der 1 keinen Einfluß mehr, so daß die Ziffern der entsprechenden Stellen des Einerkomplementes übernommen werden. Allgemein läßt sich sagen:

Man bildet das Zweierkomplement, indem man vom niederwertigsten zu den höherwertigen Bits alle Nullen (0) und die erste 1 übernimmt und alle davorliegenden Bits invertiert.

Man kann diese Aussage anhand des Beispiels nachvollziehen und sich von der Richtigkeit an weiteren selbstgewählten Beispielen rasch überzeugen. Das höchstwertige Bit wird zum Vorzeichenbit (eine 1 kennzeichnet eine negative und eine 0 eine positive Zahl).

Es ist einleuchtend, daß bei mehreren Zahlen mit verschiedener Stellenzahl das Komplement zur selben Zweier- bzw. Zehnerpotenz gebildet werden muß. In der Praxis bedeutet das, daß man sich die Zahl mit der höchsten Stellenzahl sucht und die Komplemente zur **nächsthöheren** Basispotenz bildet. Bei normalen digitalen Schaltungen, für die man die Rechenwerke selbst entwickelt, genügt dies; in Computersystemen wird mit Rechenwerken definierter Länge (Stellenzahl) gearbeitet, so daß sich hieraus die erforderliche Stellenzahl und damit auch Zweierpotenz ergibt. Letztere ist bei 8 bit-Rechenwerken 2^8, bei 16 bit-Rechenwerken 2^{16} und bei 32 bit-Rechenwerken 2^{32}. Das folgende Subtraktionsbeispiel `3 - 12 = -9` soll die Rechnung mit Komplementen erläutern.

Minuend		%0000 0011		3		0003	3
Subtrahend	+	%1111 0100	+	2^8 -12	+	9988	10^4 - 12
Differenz		%1111 0111		2^8 - 9		9991	10^4 - 9

Die linke Spalte beschreibt sie im Dualsystem, wobei zur Darstellung 8 bit einschließlich Vorzeichen gewählt wurden. Der Subtrahend wurde nach dem beschriebenen Verfahren gebildet; an der führenden 1 der Differenz erkennt man, daß das Resultat negativ ist. Den Betrag erhält man durch erneutes Komplementieren (man sagt auch Rekomplementieren).

Die mittlere Spalte zeigt als Subtrahenden 2^8 - 12, also dezimal umgerechnet das Zweierkomplement von 12. Das Ergebnis 2^8 - 9 kann man durch Addition in dieser Spalte oder durch Umrechnung des Ergebnisses der ersten Spalte erzielen. In der rechten Spalte wird die -12 durch das Zehnerkomplement (10000 - 12)= 9988 ersetzt. Statt 10000 hätte man auch jede andere 10er-Potenz $\geq$ 100 wählen können. Bei der Zehnerkomplementbildung haben negative Zahlen eine der Ziffern 5 - 9 an der führenden Stelle; 9991 bezeichnet also ein negatives Ergebnis. Durch Komplementbildung 10000 - 9991 = 9 erhält man wieder den Betrag der Differenz. In den Lösungen werden nur die beiden äußeren Spalten gezeigt. Das Ergebnis kann falsch werden, wenn bei der Rechnung eine Bereichsüberschreitung auftritt. Die folgende Übersicht zeigt die Fälle, in denen dies bei einer Subtraktion oder Addition auftreten kann (hängt von den Operanden ab).

Addition:	Summand 1	Summand 2	Summe
	≥ 0	≥ 0	< 0
	< 0	< 0	≥ 0
Subtraktion:	Minuend	Subtrahend	Differenz
	≥ 0	< 0	< 0
	< 0	≥ 0	> 0

Die Bereichsüberschreitung kann nur erkannt werden, wenn man die Vorzeichen beider Operanden und des Ergebnisses berücksichtigt. Es genügt nicht, wie häufig angegeben, zu prüfen, ob ein Übertrag in das Vorzeichenbit aufgetreten ist. Rechnet man z. B. -3 -(-12) detailliert (5 bit) durch, so tritt der Übertrag auf, aber das Ergebnis ist richtig. In [3] sind die einzelnen Fälle mit Beispielen abgehandelt.

1.1 Aufgabe 1 - Aufgabenstellung

Gegeben sind die positiven Dualzahlen:

A = 1000 0001, B = 111, C = 1100 0110, D = 1 0101.

1. Bilden Sie die Summe Y = A + B + C + D!
2. Bilden Sie die Differenz Z = A - B - D im Dualsystem! Notieren Sie die Überträge in einer separaten Zeile!
3. Bilden Sie die Differenz X = A - B - C - D mit Hilfe der Komplementmethode! Die einzelnen Umwandlungs- und Rechenschritte einschließlich der Überträge sind detailliert anzugeben!
4. Geben Sie Y und Z im Oktal-, Hexadezimal (Sedezimal)- und Dezimalsystem an!

1.2 Aufgabe 1 - Lösung

1. Addition				2. Subtraktion			
	dual		dezimal		dual		dezimal
+	1000 0001	(A)	129		1000 0001	(A)	129
+	111	(B)	7	−	111	(B)	7
+	1100 0110	(C)	198				
+	1 0101	(D)	21	−	1 0101	(D)	21
	0001 0000	(ÜÜ)			0001 0000	(EE)	
	0010 0110	(Ü)	120		1110 0110	(E)	000
+	1 0110 0011	(Y)	355	+	0110 0101	(Z)	101
	8 7654 3210	Bitpositionen			7654 3210		

3. Die Addition wird in der Weise durchgeführt, die man in der Schule für das Dezimalsystem gelernt hat, nur die Überträge werden der Übersichtlichkeit wegen in separate Übertragszeilen (Ü-Zeilen) geschrieben. Der Übertrag an der Bitposition 0 sei 0, ein Ergebnis aus einer vorangegangenen Rechnung werde nicht berücksichtigt. Die Summe der Ziffern an Bitposition 0 ergibt %11, die Ergebnis-1 wird an Y0 und die Übertrags-1 an Ü1 der unteren Ü-Zeile geschrieben.

   Beim Rechnen können mehrstellige Überträge auftreten. Im Beispiel kommt bei der Addition ein zweistelliger Übertrag vor. Die erste Übertragsstelle steht in der unteren Ü-Zeile, die zweite in der oberen an der nächsthöheren Bitposition. Der zweistellige Übertrag %10 bei Y2 wird als 0 bei Ü3 der unteren und als 1 bei Ü4 der oberen Ü-Zeile eingetragen.

   In der Spalte *Dezimal* stehen die äquivalenten Dezimalwerte der jeweiligen Zeile. Die Dezimalüberträge werden neu berechnet, eine Umrechnung der Überträge der Rechnung im Dualsystem macht keinen Sinn.

4. Auch die Subtraktion kann in der Weise durchgeführt werden, die in der Schule für das Dezimalsystem trainiert wurde: Man addiert für jede Stelle alle Subtrahenden und ggf. einen Entlehnwert (borgen, *borrow*) und berechnet die Differenz zum Minuenden. Ist dieser kleiner, so muß von der nächsthöheren Stelle *entlehnt* bzw. *geborgt* werden. Für die Bitposition 0 des Beispiels gilt: 1 + 1 = %10, es fehlt 1 an %11 → Z0 = 1, E1 = 1. Z0 hat die Bedeutung der fehlenden 1 zum Minuenden, E1 wird gesetzt (= 1), weil für die Bildung der Differenz zu %11 eine 1 von A1 entliehen werden muß. Der Entlehnwert kann, wie der Übertrag bei der Addition, mehrstellig werden, wenn die Summe der Bits der Subtrahenden größer wird.

5. Bei der Subtraktion mehrerer Zahlen von einem Minuenden nach der Komplementmethode hat man zwei Methoden zur Verfügung:

   - Methode I: Addition der Subtrahenden, Bildung des Zweierkomplements der Summe und Addition zum Minuenden (Seite 5).
   - Methode II: Bildung des Zweierkomplements für jeden Subtrahenden, Addition aller dieser Werte zum Minuenden (Seite 6).

Hat das Ergebnis eine 1 an der Vorzeichenstelle, so ist es negativ; um es interpretieren zu können, ist eine (Re-) Komplementierung erforderlich. Die Frage der Bereichsüberschreitung kann man nach Methode I einfacher entscheiden, sie wird daher bevorzugt. Meist wird die Operandenlänge auf Vielfache von 8 (z. B. 16, 24, 32, 64) definiert. Sie läßt sich jedoch auch individuell vereinbaren, z. B. für applikationsspezifische Hardware aufgrund der längsten vorkommenden Zahl, zzgl. Vorzeichenbit und evtl. Überlaufreserve.

dual	Subtraktion mittels Komplementmethode I	dezimal
111	(B)	7
+ 1100 0110	(C)	+ 198
+ 1 0101	(D)	+ 21
011 0110	Übertrag	110
1110 0010	Summe der Subtrahenden	226
11 0001 1110	Subtrahend im Zweier/Zehner-K.	774
+ 00 1000 0001	(A) = Minuend	+ 129
00 0000 0000	Übertrag	110
11 1001 1111	muß noch rekomplement. werden	903
− 00 0110 0001	(X)	− 97

6. Die Konvertierung in andere Zahlensysteme kann auf unterschiedliche Weise vorgenommen werden. Anschaulich bietet sich für Umwandlungen in das Oktal- und Hexadezimalsystem die Zusammenfassung in 3er- bzw. 4er-Gruppen an. Die gemeinsamen Basisvielfachen des Dual-, Oktal- und Hexadezimalsystems erlauben das einfache Umrechnen über die Basis 2. Für Basispotenzen mit anderen Basen eignet sich auch die Umwandlung mittels Tabellen. Generell kann man die Divisionsmethode für den ganzzahligen und die Multiplikationsmethode für den fraktionellen Teil anwenden.

   Die Darstellung von Dualzahlen im Oktal- bzw. Hexadezimalsystem ist sehr einfach: Da die Zahlen 8 bzw. 16 Potenzen von 2 sind, kann man für das Oktalsystem je drei und für das Hexadezimalsystem je vier Dualstellen zusammenfassen; hierbei muß man an der niederwertigsten Stelle beginnen.

```
Y = %1 0110 0011 = Q543 = $163
Z = %  0110 0101 = Q145 = $ 65
```

Es ist üblich, Dualzahlen in der Zweierkomplementdarstellung ebenso umzuwandeln. Man muß sich dabei bewußt sein, an welcher Stelle das Vorzeichenbit der *darunterliegenden* Dualzahl liegt, sonst kommt es zu falschen Ergebnissen. Hat man z. B. Dualzahlen mit einem Vorzeichenbit an Stelle 10 (`%1010111010 = $2BA`), so muß man wissen, daß für das führende

Subtraktion mittels Komplementmethode II				
	dual			dezimal
	111	(B)		007
	11 1111 1001	(B-ZK)		993
	1100 0110	(C)		198
	11 0011 1010	(C-ZK)		802
	1 0101	(D)		21
	11 1110 1011	(D-ZK)		979
	00 1000 0001	(A) Minuend		129
+	11 1111 1001	(B-ZK) Subtrahend	+	993
+	11 0011 1010	(C-ZK) Subtrahend	+	802
+	11 1110 1011	(D-ZK) Subtrahend	+	979
	1010 1000 0000	Übertrag		
	0010 1011 0110	Übertrag		2220
	1011 1001 1111	Summe		2903
		muß noch rekomplement. werden		
–	00 0110 0001	(X)	–	97

Hexadezimalzeichen nur noch 0,1,2 oder 3 auftreten können und daß eine **$2** oder **$3** an dieser Stelle eine Zweierkomplementdarstellung anzeigt. Grundsätzlich ist auch eine 8er- und 16er-Komplementdarstellung möglich, findet aber in der Praxis keine Anwendung.

Umwandlung von Y in die Hexadezimal- und Oktaldarstellung

1			6				3		Y, hexadezimal
1	0	1	1	0	0	0	1	1	Y, dual
	5			4			3		Y, oktal

Da es sich um Stellenwertsysteme handelt, wird jeder Bitposition ein Faktor aus dem Zielsystem zugeordnet, so daß die Konvertierung in das Oktalsystem auf folgende Art durchgeführt werden kann:

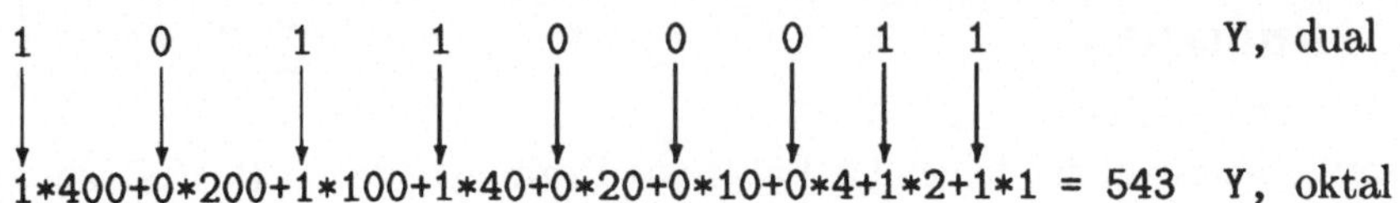

Die Konvertierung in das Hexadezimalsystem erfolgt entsprechend durch Faktoren mit der Basis 16.

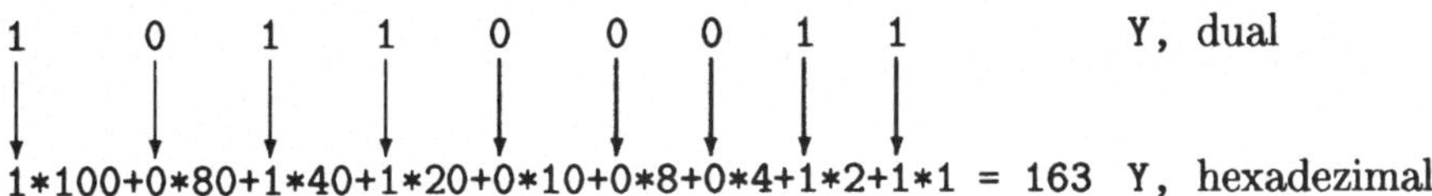

Die Umwandlung in das Dezimalsystem erfolgt durch Multiplikation der Ziffern mit der jeweiligen Zweierpotenz und anschließender Addition:

$$Y = 1*2^8+0*2^7+1*2^6+1*2^5+0*2^4+0*2^3+0*2^2+1*2^1+1*2^0 = 355$$

Umwandlung von Z in die Oktal-, Hexadezimal- und Dezimaldarstellung

Die Umwandlung erfolgt auf die gleiche Weise wie zuvor und ergibt:

Z = %0110 0101 = Q145 = $65 = 101

1.3 Aufgabe 2

Gegeben sind die Dualzahlen:

A = 0100 0101, B = 1100, C = 1 1011, D = 1110

1. Bilden Sie die Summe X = A + B + C + D und die Differenz Y = A - B - C - D der Zahlen im Dualsystem!

2. Bilden Sie die Differenz Z = A - B - C - D mit Hilfe der Komplementmethode!

3. Geben Sie die Ergebnisse als Hexadezimalzahlen und als Oktalzahlen an!

4. Konvertieren Sie A, B, C, D und die Ergebnisse X, Y, Z in das Dezimalsystem!

1.4 Aufgabe 3

Konvertieren Sie in den folgenden Fällen die Dezimalzahlen in Dualzahlen, und führen Sie die angegebenen Rechenoperationen im Dualsystem durch! Die Konvertierung muß in nachvollziehbaren Einzelschritten durchgeführt werden. Alle Überträge (im Dualsystem) sind anzugeben (keine Taschenrechnerbenutzung)!

1. `0,4375 + 0,3125`
2. `-0,4375 - 0,625 + 0,5 + 7,75`
3. `0,875 * (-0,3125)`
4. Rechnen Sie Punkt 2 dieser Aufgabe mit der Komplementmethode!

1.5 Aufgabe 4

Konvertieren Sie die folgenden Dezimalzahlen in das Dualsystem, und führen Sie die vorgegebenen Rechenoperationen im Dualsystem durch! Die Konvertierungen und Rechnungen sind mit allen Einzelschritten und Überträgen zu notieren!

1. `X = 0,109375 + 0,65625 + 0,009765625`
2. `Y = 0,4375 - 0,5625 + 1,625 + 0,09375`
3. `Z = -0,21875 * 0,65625`
4. Rechnen Sie Punkt 2 dieser Aufgabe mit der Komplementmethode!

1.6 Aufgabe 5

Wandeln Sie die folgenden Zahlen in die geforderten Zahlensysteme um! Beachten Sie, daß die Ausgangszahlen schon in **verschiedenen** Zahlensystemen vorliegen. Schreiben Sie den vollständigen Rechengang einschließlich der Überträge auf.

1. Wandeln Sie die Oktalzahlen `Z1` und `Z2` in die Dualdarstellung um!

   `Z1 = Q377`   `Z2 = Q123`

2. Wandeln Sie die Hexadezimalzahlen Z3 und Z4 in die Dualdarstellung um!

   `Z3 = $1BF62`　　　`Z4 = $114530`

3. Subtrahieren Sie Z5 von Z6 im Dualsystem (mit Borgen bzw. Übertrag)! Erweitern Sie hierzu die Dualdarstellung auf 16 bit!

   `Z5 = %10101010`　　　`Z6 = %11110000`

4. Multiplizieren Sie Z7 und Z8 im Dualsystem!

   `Z7 = %10000000`　　　`Z8 = %11000`

5. Wandeln Sie die Ergebnisse der Punkte 3 und 4 in das Dezimalsystem um!

2 Boolesche Gleichungen, Karnaugh-Veitch-Diagramme

Schaltnetze werden mit Hilfsmitteln wie z. B. Booleschen Gleichungen und Karnaugh-Veitch-(KV-)Diagrammen entwickelt und optimiert. Die logischen Grundverknüpfungen (UND, ODER, XOR, XNOR, NICHT) gehören zum Grundwissen der allgemeinbildenden Schulen, so daß hier nur Schaltnetzanalyse, Synthese und Minimierung durch Übungen vertieft werden. Optimale Ergebnisse werden nur durch Üben erzielt, wobei eigene Kreativität und Tageskonditionen auch andere als die vorgeführten Ergebnisse ermöglichen. Einige Regeln:

- Die optimale Form ist die mit der geringsten Anzahl an Verknüpfungsgliedern.
- **Aber** es gilt nicht: Nur was weg ist, ist gut! Es besteht die Gefahr von Hazards und Races[1][4]! Häufig wird eine noch günstigere Minimierung erst über Erweiterungen erreicht.
- Es macht nicht immer Sinn, verschiedene Grundverknüpfungen zu mischen, da bei Betrachtung der resultierenden ICs (integrierte Schaltkreise) zu viele ungenutzte Gatter die Schaltung unwirtschaftlich werden lassen.
- Es gibt oft nicht nur eine Minimalform (sie sind von der Kreativität und Erfahrung des Anwenders abhängig).
- Minimierungen mittels KV-Diagrammen sind i. d. R. in der Ebene mit bis zu 5, in der 3-D-Darstellung bequem mit 6 Eingangsvariablen (EV) anschaulich.
  Die Zusammenfassung der 1-Felder (evtl. mit don't care-Feldern) in möglichst großen Schleifen (Mehrfachüberdeckung einzelner Variablen zulässig) und dann disjunktive Verknüpfung dieser Konjunktionen führt zur minimalen disjunktiven Normalform (DNF).
- Die Zusammenfassung der 0-Felder (evtl. mit don't care-Feldern) zu möglichst wenigen, großen Schleifen als DNF der invertierten Variablen, dann Umwandlung mit Hilfe der de Morgan'schen Beziehung, führt zu einer minimalen konjunktiven Normalform (KNF).
- Im KV-Diagramm die Felder nie leerlassen! Immer 0, 1 oder don't care (x) explizit eintragen!

2.1 Wahrheitstabelle, Analyse

Stellen Sie die Wahrheitstabelle für das in Bild 2.1 dargestellte Schaltnetz auf, und bestimmen Sie die Schaltfunktion!

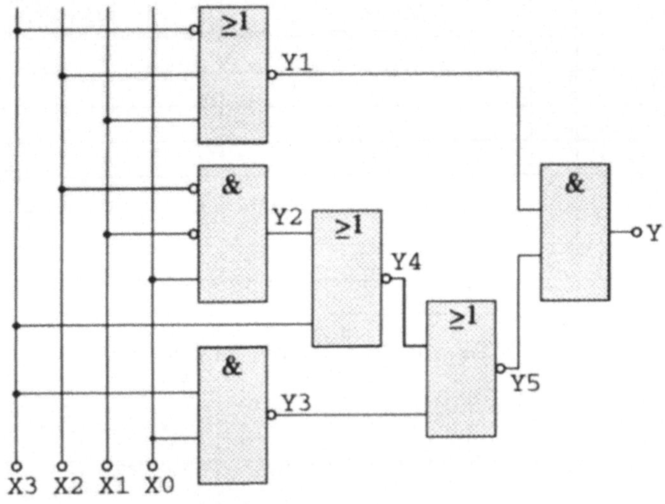

Bild 2.1 Schaltnetz

2.2 Schaltfunktion

Gegeben sei die Funktion:

$$Y = (X2 + \overline{X1} + \overline{X0}) \cdot (X2 + \overline{X0}) \cdot (\overline{X1} + X0)$$

1. Um welche Normalform handelt es sich?
2. Stellen Sie die Wahrheitstabelle auf!
3. Vereinfachen Sie die Funktion mit Hilfe der Booleschen Algebra!
4. Zeichnen Sie das Schaltnetz für die vereinfachte Funktion von Punkt 3!

2.3 Schaltnetzanalyse, (A)KNF, (A)DNF

Für die Funktion `Y = f(X2, X1, X0)` ist die Wahrheitstabelle 2.1 gegeben.

X2	X1	X0	Y	Minterm	Maxterm
0	0	0	0		
0	0	1	1		
0	1	0	0		
0	1	1	1		
1	0	0	0		
1	0	1	1		
1	1	0	0		
1	1	1	0		

Tabelle 2.1 Wahrheitstabelle

1. Ergänzen Sie die Tabelle um Minterme und Maxterme!
2. Woran erkennen Sie eine konjunktive Minimalform (KNF)?
3. Geben Sie die AKNF für Y und $\overline{Y}$ an!
4. Geben Sie die ADNF für Y und $\overline{Y}$ an!
5. Entwickeln Sie eine Minimalform für Y aus einer der beiden AKNFs!

2.4 Boolesche Gleichung

Weisen Sie die Gültigkeit der folgenden Gleichungen mit Hilfe der Booleschen Algebra nach!

1. $A \oplus B = \overline{AB + \overline{A}\,\overline{B}}$
2. $\overline{A}\,\overline{C} + A\overline{B} + BC = \overline{A}B + \overline{B}\,\overline{C} + AC$
3. $A\overline{B} + A\overline{C} + \overline{C}\,\overline{D} + \overline{B}\,\overline{D} = \overline{BC + \overline{A}D}$

2.5 Schaltnetzanalyse – Beispiel 1

1. Bestimmen Sie die Funktionsgleichung durch Verknüpfung der Einzelfunktionen in Bild 2.2!

2. Stellen Sie die Wahrheitstabelle für die Zwischenvariablen `Y1`, `Y2` und das Ausgangssignal `Y` auf!

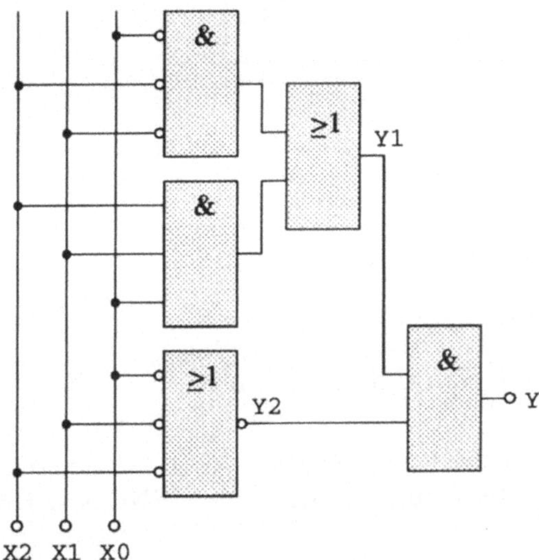

Bild 2.2 UND-/ODER–Schaltnetz

2.6 KV-Diagramm – Beispiel 1

Gegeben sei das KV-Diagramm in Bild 2.3. Bei der gezeigten Anordnung der EVs kann man die Werte sehr schnell aus einer Funktionstabelle übernehmen oder, bei in dieser Form gegebenem KV-Diagramm, sehr schnell in die Tabelle eintragen. Wir wollen die Anordnung daher für alle KVs dieses Buches beibehalten.

1. Geben Sie eine DNF mit möglichst wenig Variablen an!

2. Ermitteln Sie aus der DNF die KNF mit Hilfe der Booleschen Algebra!

3. Geben Sie anhand des KV-Diagramms die KNF mit möglichst wenig Variablen an, und vergleichen Sie das Ergebnis mit dem von Punkt 2!

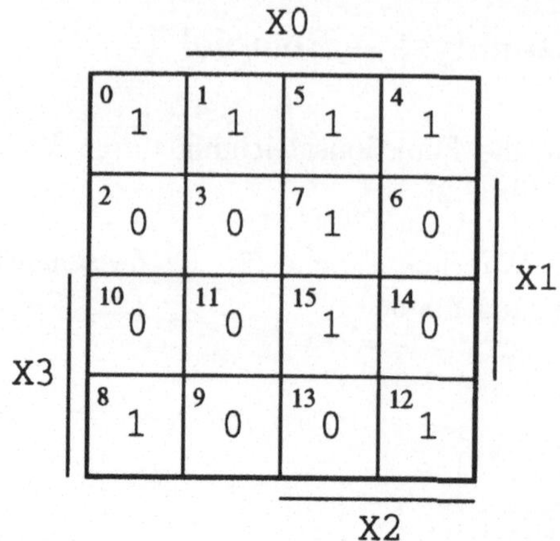

Bild 2.3 KV-Diagramm; ordnet man die EVs von LSB zu MSB, oben beginnend, rechts herum wie gezeigt, so geben die kleinen Zahlen in den Feldern den äquivalenten Dezimalwert bei Interpretation des Bitmusters als Dualwert – beispielsweise entspricht das Feld 11 dem Minterm $X3\,\overline{X2}\,X1\,X0$, also dem Bitmuster 1011

2.7 Vereinfachung von Schaltfunktionen

Überprüfen Sie, ob sich die folgenden Schaltfunktionen noch weiter vereinfachen lassen, und geben Sie das Ergebnis, falls erforderlich, als KNF oder DNF mit möglichst wenig Variablen an!

1. $Y = \overline{X3}\,\overline{X0} + \overline{X3}\,\overline{X1}\,X0 + \overline{X3}X2X0 + X3\overline{X2}\,\overline{X0} + X3X2\overline{X1}\,\overline{X0}$

2. $Y = \overline{X3}\,\overline{X2} + \overline{X3}\,\overline{X1} + \overline{X3}\,\overline{X0} + X3X2 + X2\overline{X1} + X2\overline{X0}$

3. $\overline{Y} = X3\overline{X0} + \overline{X3}\,\overline{X0} + X3X2\overline{X1}X0 + \overline{X3}\,\overline{X2}\,\overline{X1}X0$

2.8 Schaltnetzentwurf

Die Wahrheitstabelle 2.2 beschreibt vollständig die Wirkung der Eingangsvariablen `X[3..0]` auf die Ausgangsvariable `Y` (sie ist nur unvollständig bez. der Anzahl der Eingangsvektoren/Permutationen der EVs.).

1. Zeichnen Sie das dazugehörige KV-Diagramm!

2. Ermitteln Sie aus dem KV-Diagramm eine Minimalform für `Y`!

3. Entwickeln Sie eine minimierte Schaltung, die nur aus NOR-Gattern mit 2 Eingängen besteht, und skizzieren Sie das Schaltbild!

X3	X2	X1	X0	Y
0	0	0	0	0
0	0	0	1	1
0	0	1	0	0
0	0	1	1	0
0	1	0	1	1
0	1	1	0	0
0	1	1	1	1
1	0	0	1	1
1	0	1	0	0
1	0	1	1	0
1	1	0	0	0
1	1	1	0	0

Tabelle 2.2 Wahrheitstabelle

4. Entwickeln Sie eine minimierte Schaltung ausschließlich aus NAND-Gattern mit 2 Eingängen!

2.9 Schaltnetzanalyse – Beispiel 2

Gegeben ist das in Bild 2.4 gezeigte Schaltnetz:

1. Stellen Sie die Wahrheitstabelle auf!
2. Zeichnen Sie das KV-Diagramm! Die Variablen sollen dabei wie in den vorher gezeigten Aufgaben angeordnet werden.
3. Ermitteln Sie aus dem KV-Diagramm die Minimalform für die Schaltfunktion

   `Y = f(X3, X2, X1, X0)!`
4. Zeichnen Sie ein Schaltnetz für die in Punkt 3 gefundene Schaltfunktion!

2.10 KV-Diagramm – Beispiel 2

Für die beiden Variablen `Y1 = f(X3, X2, X1, X0)` und `Y2 = f(X4, X2, X1, X0)` sind die in Bild 2.5 gezeigten KV-Diagramme gegeben. Für die Variable `Y = Y1 + Y2` sind das KV-Diagramm und die minimierten Schaltfunktionen gesucht.

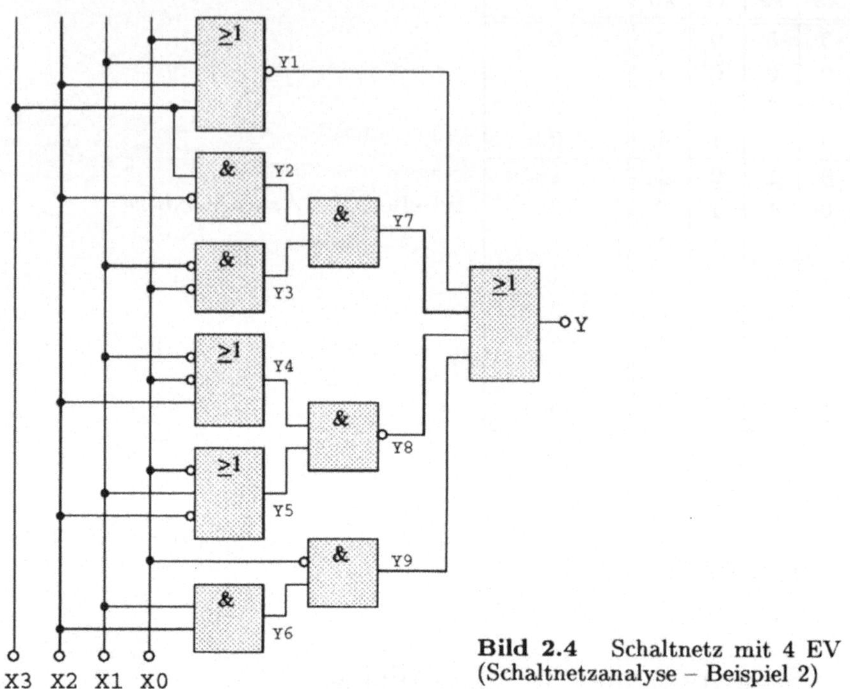

Bild 2.4 Schaltnetz mit 4 EV (Schaltnetzanalyse – Beispiel 2)

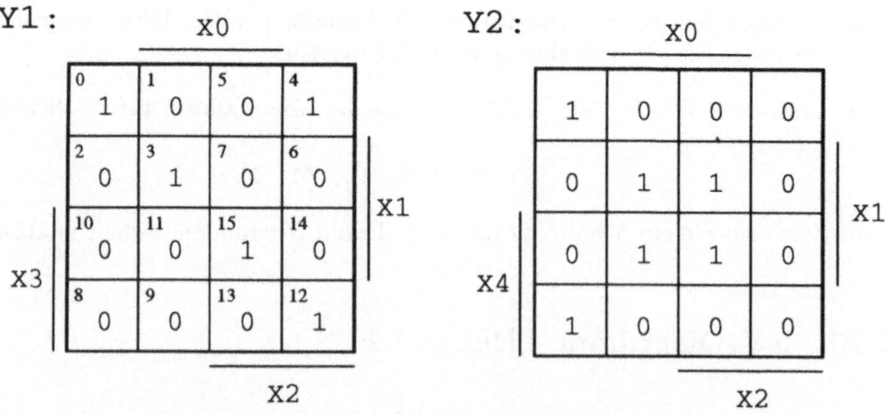

Y1:

0: 1	1: 0	5: 0	4: 1
2: 0	3: 1	7: 0	6: 0
10: 0	11: 0	15: 1	14: 0
8: 0	9: 0	13: 0	12: 1

Y2:

1	0	0	0
0	1	1	0
0	1	1	0
1	0	0	0

Bild 2.5 Zu verknüpfende KV-Diagramme

2.11 Fehlererkennung

Bei der Übertragung von Daten werden sendeseitig Prüfbits (*parity bits*) erzeugt, die ebenfalls übertragen und empfangsseitig zur Fehlererkennung ausgenutzt werden. Entwerfen Sie für den 4 bit-NBCode[1] ein Schaltnetz (Bild 2.6), das ein Prüfbit P auf 1 setzt, wenn das Gewicht des Codes gerade ist.

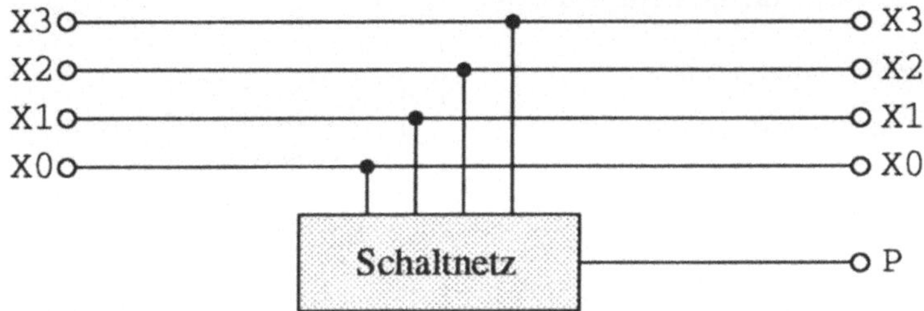

Bild 2.6 Fehlererkennung mittels Prüfbit (Sendeseite)

1. Welche Fehler erkennt die Schaltung?
2. Erweitern Sie die Schaltung um die Übertragungsstrecke, die empfangsseitige Paritätsbiterzeugung und die Fehlerprüfung (F = 1, wenn Fehler aufgetreten, 0 sonst)!
3. Wie verhält sich die Prüfschaltung, wenn das Datenwort richtig, das Prüfbit aber falsch übertragen wurde?

2.12 Fehlerkorrektur

Bei der Übertragung von Daten wird durch mehrere Prüfbits Redundanz implementiert, die am Empfangsort auf das gestörte Bit schließen läßt. In binären Systemen kann man ein fehlerhaftes Bit durch Invertieren korrigieren. Bei dem in Bild 2.7 dargestellten System werden für m Datenbits sende- und empfangsseitig jeweils n Prüfbits nach derselben Vorschrift erzeugt. Die empfangsseitigen Prüfbits werden bitweise mit den übertragenen verglichen.

Für die Korrektur des 1 bit-Fehlers in einem Wort aus m Daten- und n Prüfbits muß die Vergleichsschaltung m + n Fehlermeldungen erzeugen können, die das gestörte Bit lokalisieren, und eine Meldung, die aussagt, daß keine Störung vorliegt.

Da der Vergleicher nur die Prüfbits auswertet, hat er n Ausgänge, mit denen m + n + 1 Meldungen erzeugt werden müssen. Die Anzahl n der erforderlichen Prüfbits erhält man dann mit

$$2^n \geq m + n + 1, \; m = \text{Anzahl der Datenbits.}$$

Die n Prüfbits werden mit unterschiedlichen Bits des Datenwortes erzeugt, und zwar in der Weise, daß jedes Datenbit auf mindestens 2 Prüfbits wirkt. Eine Fehlerlokalisierung ist möglich, wenn 1 bit-Fehler auf verschiedenen Datenleitungen unterschiedliche Prüfbitmuster ergeben.

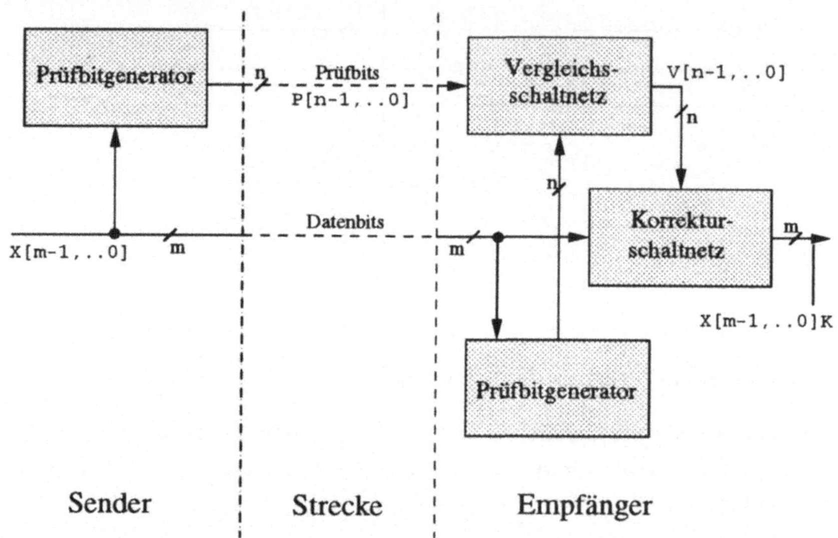

Bild 2.7 Übertragungsstrecke für Daten- und Prüfbits mit Korrekturmöglichkeit für evtl. auftretende 1 bit-Fehler; X, P Daten-, Prfwort, V Prfergebnis

Entwerfen Sie eine Schaltung gemäß Bild 2.7, mit der 1 bit-Fehler eines 4 bit-Datenwortes und Übertragungsfehler der Prüfbits erkannt, lokalisiert und korrigiert werden können! Bearbeiten Sie die Aufgaben in folgenden Schritten:

1. Wieviele Prüfbits benötigen Sie mindestens?

2. Entwickeln Sie das Schaltnetz für den Prüfbitgenerator! Jedes Prüfbit soll aus drei Datenbits gebildet werden und log. 1 sein, wenn das Gewicht der Datenbits ungerade ist.

3. Entwickeln Sie ein Schaltnetz für die Vergleichsschaltung!

4. Entwickeln Sie das Schaltnetz für die Korrekturschaltung!

2.13 4 bit-D/A-Wandler mit R/2R-Netzwerk

Berechnen Sie die Parameter zu dem R/2R-Kettenleiter-D/A-Konverter in Bild 2.8! Beachten Sie, daß die binären Schalter S[3..0] zwischen U_B und 0V umschalten (1 = Schalter an U_B; 0 = Schalter an 0 V). Gegeben sind: U_B = 10 V und R = 1 kΩ.

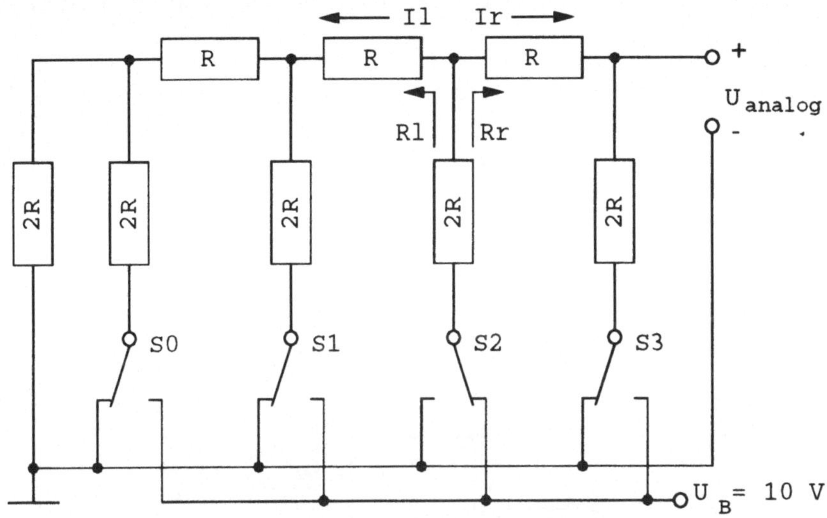

Bild 2.8 D/A-Wandler mit R-2R-Netzwerk

1. Zeichnen Sie das Ersatzschaltbild für die Schalterstellung S[3..0] = 0100!
2. Berechnen Sie den Gesamtwiderstand Rl || Rr!
3. Berechnen Sie den über S2 in die Schaltung fließenden Strom!
4. Welche Ausgangsspannung U_{analog} liegt bei der gewählten Schalterstellung an?
5. Welche Quantisierung liegt vor?
6. Entwerfen Sie eine Tabelle, aus der die möglichen binären Eingangskombinationen und die zugehörigen Analogspannungen hervorgehen!

2.14 Digital/Analog-Wandler mit Widerstandsnetzwerk

Entwerfen Sie einen Digital/Analog-Wandler (Bild 2.9), der eine binäre 7 bit-Zahl mit idealen Transistoren als Schalter in eine analoge Spannung konvertiert! Sie schalten 0 V oder $U_{stab} = 4$ V auf das Netzwerk. Gehen Sie von einem summierenden idealen Operationsverstärker aus! Die analoge Ausgangsspannung $-U_a$ entspreche dem angelegten äquivalenten Dezimalwert multipliziert mit 0,1!

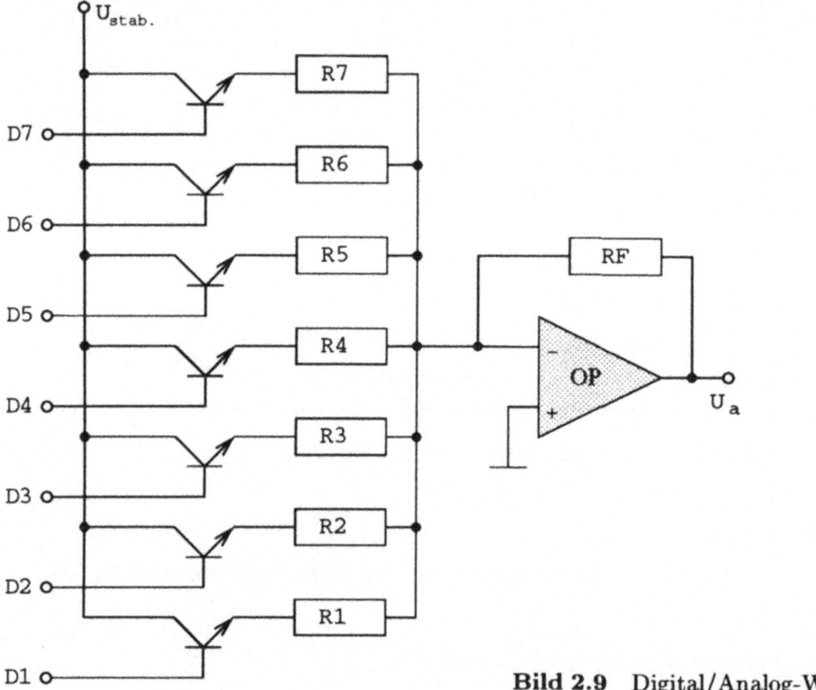

Bild 2.9 Digital/Analog-Wandler

1. Legen Sie RF fest und begründen Sie!
2. Berechnen Sie die Widerstände R1 bis R7 für eine Wichtung nach dem Natürlichen Binär-Code (NBC)!
3. Überprüfen Sie Ihren D/A-Wandler mit 3 verschiedenen 7 bit-Worten!

3 Sequentielle Schaltungen

Sequentielle Schaltungen beinhalten eine Speichermöglichkeit und benötigen neben den Dateninformationen auch noch einen Takt. Bei Zählern werden Flipflops gelegentlich nur mit dem Takteingang gesteuert (asynchrone Schaltungen). Hierzu werden die Eingänge auf 0 oder 1 gesetzt.

3.1 Flipflop-Analyse

Gegeben sei das Kippglied in Bild 3.1!

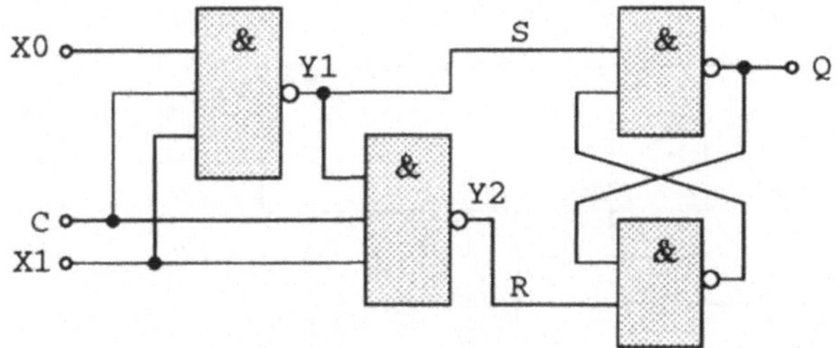

Bild 3.1 Kippschaltung

1. Geben Sie in Form einer Wahrheitstabelle das Verhalten der Schaltung für die Fälle C = 0 und C = 1 an. Nennen Sie die Übergangsfunktion!
2. Zeichnen Sie den Signalverlauf am Ausgang Q für ein zeitliches Verhalten der Eingänge gemäß Bild 3.2!
3. Handelt es sich um ein taktzustands- oder taktflankengesteuertes FF? Ist es ein Einspeicher- oder ein Zweispeicher-FF?
4. Wie lautet die charakteristische Gleichung $Q_{n+1} = f(X0, X1, C, Q)_n$ dieses Kippgliedes?

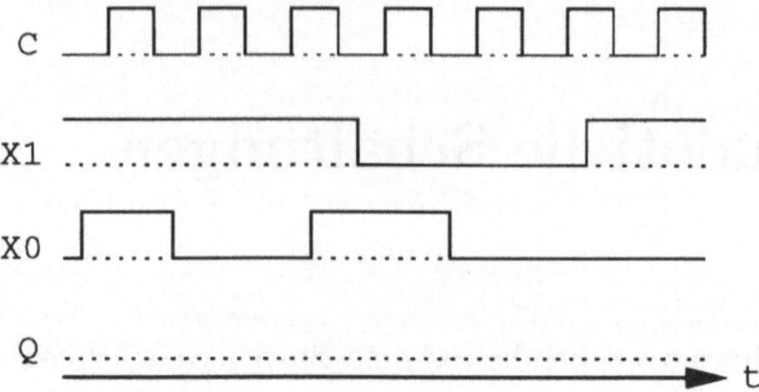

Bild 3.2 Zeitliniendiagramm zur Kippschaltung

3.2 Flipflop-Umwandlung – Beispiel 1

Analysieren Sie die Kippschaltung in Bild 3.3 und tragen Sie das Verhalten in eine Zustandsfolgetabelle ein! Anstelle des RS-Kippgliedes soll dann ein JK-FF bei gleichem Schaltverhalten der Gesamtschaltung verwendet werden. Entwickeln Sie die neue Schaltung in Bild 3.4!

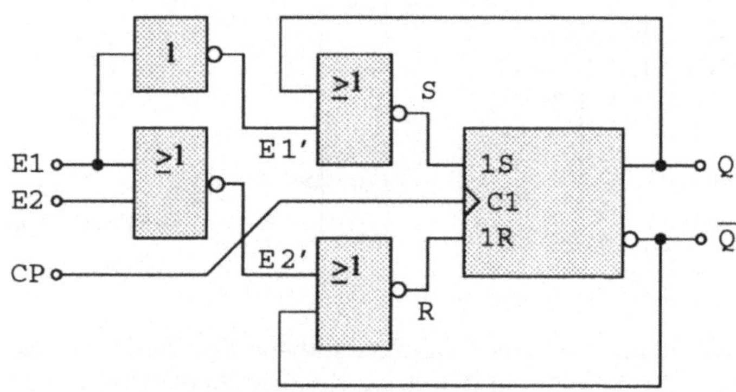

Bild 3.3 RS-Kippschaltung

3.3 Flipflop-Umwandlungen – Beispiel 2

Ein mit fallender Flanke des Takteingangs übernehmendes RS-Flipflop (Zustandssteuerung) soll durch äußere Beschaltung in ein JK-FF umgewandelt werden (Bild 3.5).

1. Aus welchen logischen Grundverknüpfungen könnte das RS-FF selbst konstruiert sein? Begründen Sie Ihre Aussage!

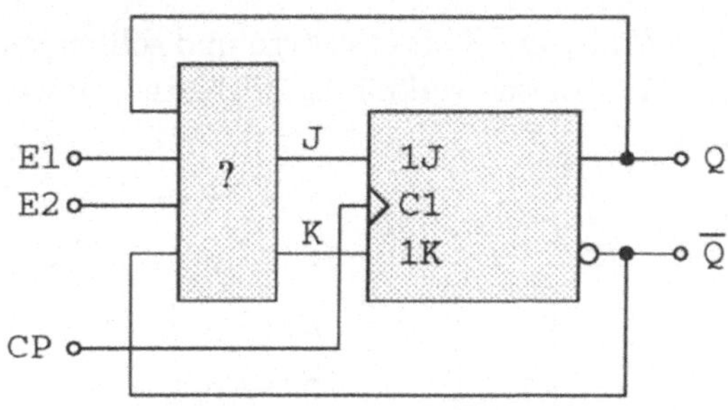

Bild 3.4 JK-Kippschaltung

2. Ermitteln Sie die Schaltung des JK-FF durch Vergleich der Übergangstabellen von RS- und JK-Flipflop!

3. Bei genauer Betrachtung des Ergebnisses zeigt sich, daß durch die Rückkopplung Probleme entstehen, die z. B. durch Einschränkungen bez. des Taktsignals gelöst werden können. Welche Anforderungen muß man stellen?

4. Entwickeln Sie aus der Übergangsgleichung eines normalen JK-Flipflops ein D-Flipflop und ein T-Flipflop!

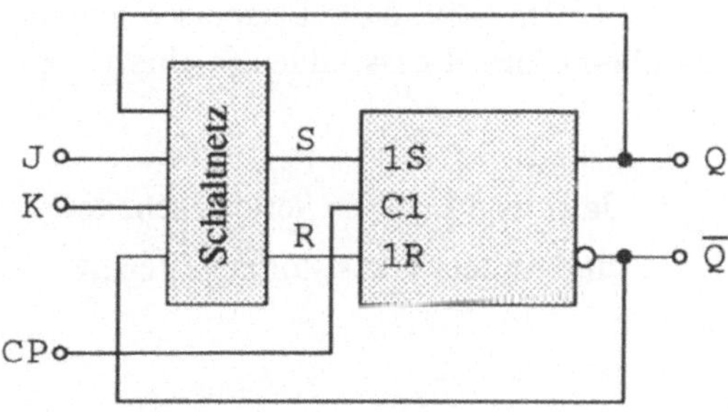

Bild 3.5 Blockschaltung Flipflopumwandlung

3.4 Zählerentwurf

1. Vervollständigen Sie Bild 3.6 so, daß ein asynchroner 4 bit-Binär-Vorwärtszähler entsteht!

2. Zeichnen Sie das zugehörige Zeitliniendiagramm! Gehen Sie dabei von einer Flipflopdurchlaufzeit von 15 nsec aus! Die Flipflopdurchlaufzeit sei die Zeit zwischen der aktiven Taktflanke und der daraus resultierenden Zustandsänderung am Ausgang.

3. Angenommen, Sie würden den Zähler auf 8 bit erweitern und sollten verschiedene Zählstufenausgänge (`Qi`) logisch verknüpfen (Schaltnetz); worauf müssen Sie besonders achten?

Bild 3.6 Zählerfragment

3.5 Weihnachtsbaumbeleuchtung

Ihre Aufgabe besteht darin, für eine Miniaturausgabe des nadelfreien Weihnachtsbaumes einen blinkenden Lichterschmuck zu entwickeln. Hierzu stehen Ihnen vier taktflankengesteuerte RS-Flipflops zur Verfügung, die Sie so zusammenschalten, daß die vier Gruppen von LEDs (Bild 3.7) rhythmisch aufleuchten. Die unteren drei Zeilen und die oberen drei LEDs bilden je eine Gruppe.

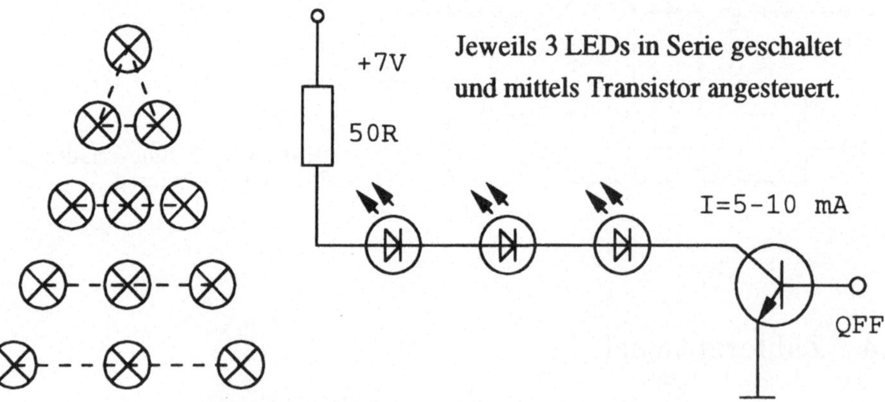

Bild 3.7 Lichterketten für Tannenbaumersatz

3.6 Schieberegister mit Flipflops

Entwerfen Sie ein 4-bit Schieberegister für parallele Dateneingabe und serielle Ausgabe! Zum Aufbau sollen RS-FF verwendet werden.

3.7 Zähler-Analyse

Der in Bild 3.8 gezeigte Zähler ist zu analysieren; der Reseteingang R ist taktunabhängig (asynchron)!

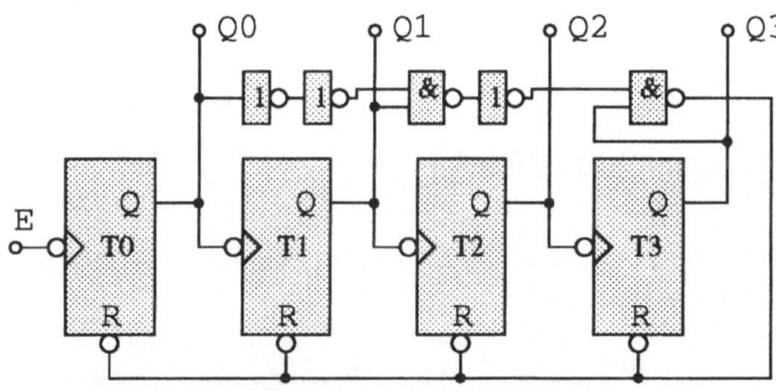

Bild 3.8 Zähler mit T-Flipflops

1. Welche Art von Zähler liegt vor (Synchron- oder Asynchronzähler)?
2. Geben Sie die Zählfolge an und zeichnen Sie das Zustandsdiagramm in möglichst einfacher Form (vor dem ersten Taktimpuls werde der Zähler auf 0 zurückgesetzt)!
3. Zeichnen Sie das Zeitliniendiagramm und nennen Sie einen prinzipiellen (auffälligen) Nachteil dieser Schaltung!

3.8 Gray-Code-Vorwärtszähler

Es ist ein synchroner Modulo-8-Vorwärtszähler (Bild 3.9) im Gray-Code zu entwerfen. Die FF-Ausgänge `Q[2..0]` sollen direkt den Zählerstand im Gray-Code angeben.

1. Stellen Sie die Zustandstabelle auf!

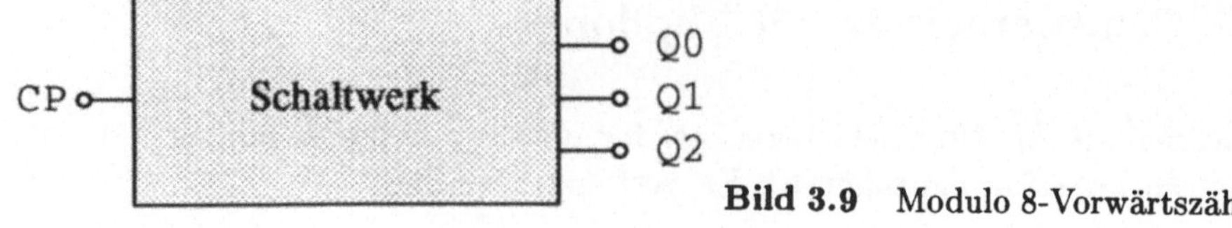

Bild 3.9 Modulo 8-Vorwärtszähler

2. Ermitteln Sie mit Hilfe von KV-Tafeln die Erregungsfunktionen (Ansteuergleichungen) bei Verwendung von JK-Flipflops ($Q := J \cdot \overline{Q} + \overline{K} \cdot Q$)!
3. Ermitteln Sie mit Hilfe von KV-Tafeln die Erregungsfunktionen bei Verwendung von D-Flipflops ($Q := D$)!
4. Ermitteln Sie mit Hilfe von KV-Tafeln die Erregungsfunktionen bei Verwendung von (NOR-) RS-Flipflops ($Q := S + \overline{R} \cdot Q$)!

3.9 Elektronischer Würfel

Entwerfen Sie einen elektronischen Würfel, bestehend aus D-Flipflops, Dioden, LEDs und Grundverknüpfungen!

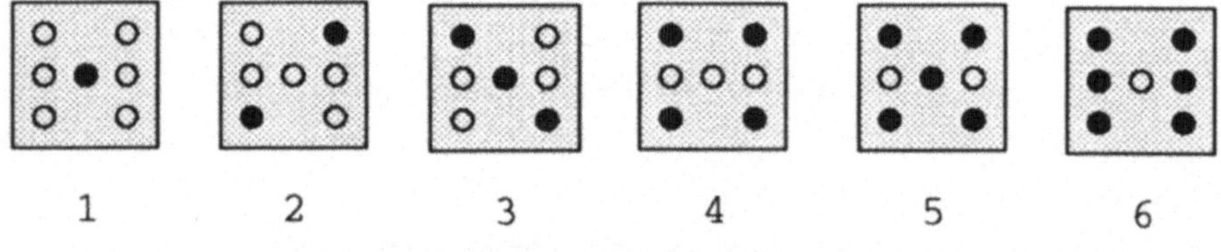

Bild 3.10 Würfeldarstellung

Beachten Sie, daß die Anzeige der eines herkömmlichen Spielwürfels (Bild 3.10) entsprechen soll. Das LED-Schaltnetz (Bild 3.11) wird durch einen einfachen Zähler angesteuert.

1. Entwerfen Sie die Zuordnungstabelle (Bitmuster `Z[3..1]` zu angezeigter Ziffer) für das LED-Schaltnetz mit Kommentaren! Für die Tabelle ist die Polarität der Dioden und LEDs im Zusammenhang mit den Betriebsspannungsanschlüssen relevant. Beachten Sie, daß bei 3 FF-Ausgängen 8 Ausgangskombinationen möglich sind!
2. Entwerfen Sie die Übergangstabelle für einen Modulo 6-Zähler aus 3 Flipflops und logischen Verknüpfungen!
3. Entwickeln Sie das Anpassungsschaltnetz (Decoder), das zwischen den Zähler und die Schaltung aus Bild 3.11 geschaltet wird!

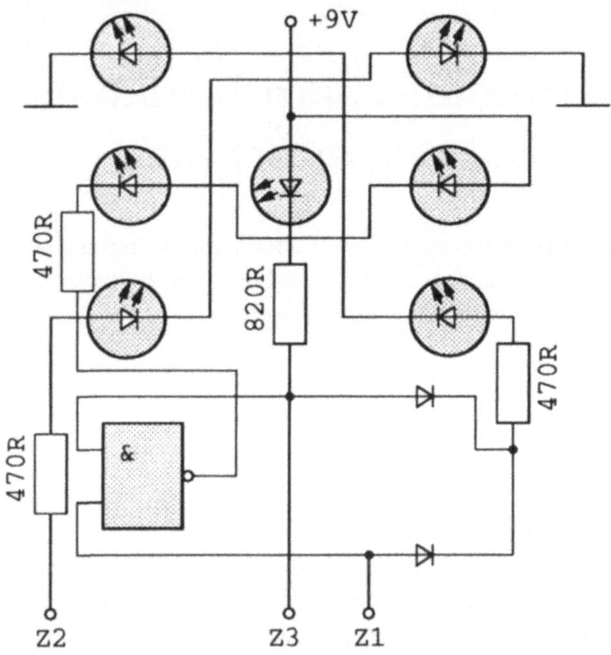

Bild 3.11 Schaltbild der LED-Anordnung für das Würfel-Schaltwerk

3.10 Synchronzähler

Es ist ein Modulo 5-Dualzähler zu entwerfen. Die Flipflops verfügen nicht über einen Reseteingang. Sollte sich beim Einschalten ein im Zählcode nicht enthaltenes Bitmuster ergeben, so soll mit der nächsten aktiven Taktflanke das Bitmuster 000 erreicht werden.

1. Wieviele Flipflops benötigen Sie?

2. Entwerfen Sie die zugehörige Übergangstabelle für eine Realisierung mit D- und mit JK-Flipflops!

3. Ermitteln Sie mit Hilfe von KV-Tafeln die Ansteuergleichungen für die Flipflops in minimierter Form!

4. Entwickeln Sie aus der gefundenen Lösung durch Koeffizientenvergleich die Ansteuergleichungen für eine Realisierung mit JK-Flipflops!

5. Ermitteln Sie dieselben Ansteuergleichungen aus den KV-Tafeln der D-Flipfloprealisierung!

4 Programmierbare Logikbausteine und Zustandsmaschinen

Dieses Kapitel beginnt mit einer erweiterten Einführung und soll damit der Bedeutung der programmierbaren Logik und der Zustandsmaschinen im Entwurf moderner digitaler Schaltungen gerecht werden.

4.1 Programmierbare Logikbausteine

4.1.1 PROM

Die im Lehrbuch [1] gezeigte Struktur eines PROMs läßt erkennen, daß für jede mögliche Kombination der Eingangsvariablen (EV) ein Produktterm (UND-Verknüpfung) gebildet wird. Für jede Ausgangsvariable (AV) stehen damit alle Minterme im KV-Diagramm zur Verfügung; eine Optimierung ist nicht erforderlich. Mit einem PROM läßt sich jede gewünschte Boolesche Funktion der verfügbaren Eingangsvariablen als zweistufige Logik realisieren. Die erste Stufe besteht aus den UND-Gliedern bzw. dem UND-Feld (UND-Array) und die zweite aus den nachgeschalteteten ODER-Gliedern bzw. dem ODER-Feld (ODER-Array). Die Gleichung der einzelnen Ausgangsvariablen beschreibt immer eine ausgezeichnete disjunktive Normalform (ADNF).

4.1.2 PAL

Die im Lehrbuch [1] gezeigte Struktur eines PALs zeigt ebenfalls eine zweistufige Anordnung aus UND-Feld mit nachfolgendem ODER-Feld. Im Gegensatz zum PROM ist hier das ODER-Feld fest verdrahtet und das UND-Feld programmierbar. Für jede AV steht eine durch die Struktur des jeweiligen PAL-Bausteintyps festgelegte maximale Anzahl von Produkttermen zur Verfügung. Jeder Produktterm kann nur für genau eine AV verwendet werden. Wird ein bestimmter Term mehrfach benötigt, so muß er für jede AV separat erzeugt werden.

Da nicht, wie beim PROM, alle Minterme zur Verfügung stehen, sondern nur eine begrenzte Anzahl von Produkttermen, muß man die Schaltfunktion minimieren; aufgrund der vorgegebenen Struktur des PALs muß man eine DNF entwickeln, und zwar möglichst eine Minimalform. Die Eingangsmatrix (d. i. die Matrix des UND-Feldes) enthält alle EVs auch in invertierter Form, so daß zusätzliche vorgeschaltete Inverter nicht erforderlich sind. Die Minimierung kann nach den üblichen Methoden durchgeführt werden.

4.1.3 PLA, IFL

Die im Lehrbuch [1] gezeigte Struktur eines PLAs (Bezeichnung bei VALVO/Signetics: IFL, *Integrated Fuse Logic*) zeigt ebenfalls eine zweistufige Anordnung aus UND-Array mit nachfolgendem ODER-Array. Hier sind jedoch beide Felder programmierbar, so daß jeder Produktterm für alle AVs verwendet werden kann. Da aber im Gegensatz zum PROM nicht alle Minterme zur Verfügung stehen, muß man eine Bündelminimierung durchführen, bei der die minimale Anzahl von Produkttermen für alle AVs **gemeinsam** ermittelt wird. Die Bündelminimierung wird im Lehrbuch nicht angesprochen; wir wollen daher an dieser Stelle auch nicht näher darauf eingehen.

Es stehen Algorithmen zur Verfügung, die die Optimierung in der gewünschten Weise durchführen, z. B. Berkeley- oder BRUNO-Algorithmus. In der Praxis des Entwicklungsingenieurs wird der Entwurf von programmierbarer Logik wegen der Prüfmöglichkeiten auf formale Fehler und der großen Schwierigkeit, eine Programmierdatei fehlerfrei zu erstellen, immer mit einem Logikcompiler erfolgen, der solche Algorithmen zur Verfügung stellt.

4.1.4 Makrozellen

Das Anwendungsspektrum programmierbarer Logikbausteine wurde durch zusätzliche Makrozellen wesentlich erweitert. Sie werden den o. a. kombinatorischen Ausgangsvariablen nachgeschaltet und enthalten immer ein Flipflop und einen Ausgangsbuffer, der in *Tristate* geschaltet werden kann. Die Flipflops erlauben, Schaltwerke und Zustandsmaschinen in einem Baustein zu realisieren.

Bild 4.1 zeigt die Struktur eines PALs mit Makrozellen, von denen nur eine gezeichnet ist. Das UND-Feld repräsentiert die gesamte Eingangsmatrix. Der Ausgang des ODER-Gatters kann mit einem XOR, dessen zweiter Eingang durch entsprechende Programmierung auf log. 1 gelegt wird, invertiert werden. Wird er nicht verbunden, so liegt er auf log. 0, und das XOR wirkt als Buffer. Als Inverter gestattet es, im KV-Diagramm die Nullen disjunktiv zu verknüpfen; häufig kommt man dann mit weniger Produkttermen aus und kann damit die Ressourcen des Bausteins besser nutzen. Je Ausgang gibt es eine Makrozelle. Mit Hilfe der programmierbaren Schalter können beispielsweise folgende Funktionen realisiert werden:

- Externer Anschluß ist kombinatorischer Ausgang; das Flipflop wird nicht benötigt, der Ausgangsbuffer ist immer eingeschaltet. Die Rückführung erlaubt, eine vierstufige Schaltung aufzubauen.

- Externer Anschluß ist reiner Eingang; die Ausgangsfunktionen einschließlich aller verfügbaren Produktterme werden nicht benötigt. Der Eingangsbuffer ist mit dem externen Anschluß verbunden.
- Externer Anschluß ist Registerausgang; das Flipflop kann als D-Flipflop, als T-Flipflop oder als Latch programmiert werden (in Bild 4.1 nicht eingezeichnet). Die Rückführung erfolgt, z. B. für den Entwurf von Zustandsmaschinen, vom Registerausgang Q.
- Externer Anschluß ist bidirektionaler Anschluß, der Eingangsbuffer ist wie beim reinen Eingang mit dem externen Anschluß verbunden. Der Ausgangsbuffer wird nur in den aktiven Zustand geschaltet, wenn das Flipflopsignal oder die kombinatorische Ausgangsfunktion extern verfügbar sein soll.

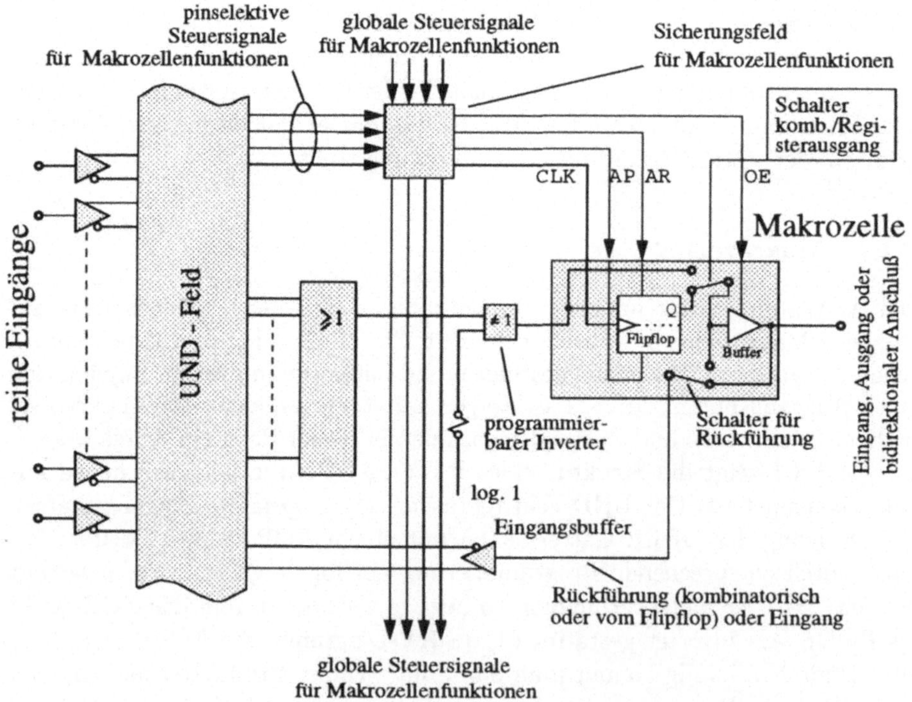

Bild 4.1 Makrozelle; AR, AP: asynchr. Reset bzw. Preset; OE: Output Enable

Die Makrozelle hat weitere Signaleingänge für je einen asynchronen Reset und Preset und für das Signal, das den Ausgangsbuffer schaltet. Einige PLDs

(*Programmable Logic Devices*, Oberbegriff für PAL, IFL, PLA und PROM) mit PAL-Struktur erlauben auch ein pinbezogenes (flipflopselektives) Taktsignal und ermöglichen damit asynchrone Entwürfe. Mit dem in Bild 4.1 gezeigten Sicherungsfeld wird bei der Bausteinprogrammierung für die jeweilige Funktion festgelegt, ob sie nicht benötigt, ob sie von einem globalen Signal oder ob sie pinspezifisch gesteuert wird. Globale Signale werden an einem externen Anschluß zugeführt, und pinspezifische Steuersignale werden durch einen einzelnen Produktterm gebildet.

Bei der Gestaltung der Makrozellen sind die Bausteinhersteller sehr erfinderisch. Es gibt, neben zahlreichen anderen Varianten, Zellen mit zwei Flipflops, von denen nur eines extern verfügbar ist und das andere zusätzlich intern rückgeführt wird (sog. *vergrabenes* Register, engl. *buried register*); sie sind sehr gut geeignet für reine Zustandsflipflops.

4.2 Zustandsmaschinen

Zustandsmaschinen (*finite state machine* FSM) spielen beim Entwurf digitaler Schaltungen eine überragende Rolle. Aus diesem Grund werden ihnen eine Reihe von Beispielen gewidmet, die viele Probleme bei der Realisierung ansprechen. Im Rahmen dieses Buches ist es allerdings nicht möglich, auf spezielle Bausteine einzugehen.

Nach einer kurzen Vorstellung der einzelnen Automaten wird zunächst der prinzipielle Ansatz behandelt, und am Beispiel einer einfachen Eisenbahnsignalsteuerung werden einige Entwurfsvarianten herausgearbeitet.

4.2.1 Mealyautomat

Bild 4.2 zeigt eine etwas andere Darstellung als im Lehrbuch vorgestellt wurde. Sie ist mehr an der Realisierung mit PLDs orientiert: Das Schaltnetz repräsentiert die zweistufige UND/ODER-Matrix, ihm sind die Flipflops nachgeschaltet. Es beinhaltet die kombinatorische Logik für die Flipflopeingangssignale des Folgezustandes (*Next State Decoder*) und die des Ausgangsdecoders. Die asynchronen Signale `AR`, `AP` setzen alle Flipflops unabhängig vom Takt, das synchrone Signal `SRP` setzt bzw. löscht sie mit der folgenden aktiven Taktflanke. Bei den meisten PLD-Bausteinen ist nur `AR` vorhanden, nicht `AP`. Die gleichzeitige Verwendung von `AP` und `AR` an **verschiedenen** Flipflops kann aber in einigen Fällen durchaus sinnvoll sein (siehe z. B. Seite 45). `SRP` ist ein normales Signal in die Eingangsmatrix, wie die übrigen EVs. Im Beispiel der Eisenbahnsignalanlage wird auf Seite 45 ein synchroner Reset realisiert.

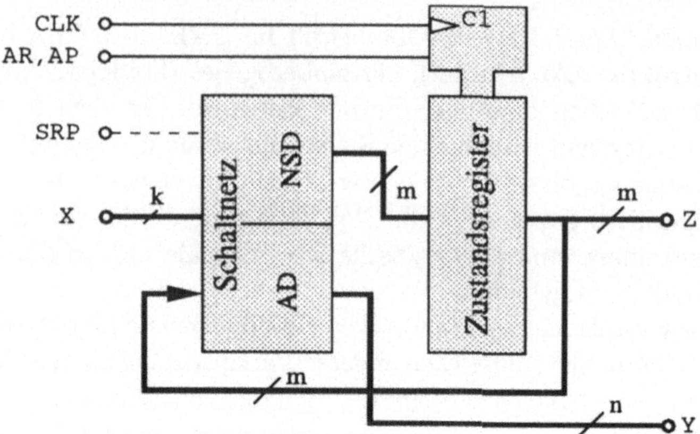

Bild 4.2 Mealyautomat; NSD: Next State Decoder; AD: Ausgangsdecoder; X, Y, Z: Vektoren der Eingangs-, der Ausgangs- bzw. der Zustandsvariablen; k, m, n: Anzahl der Eingangs-, der Zustands- bzw. der Ausgangsvariablen; AR, AP: asynchrones Reset- bzw. Presetsignal; SRP: synchrones Reset- und/oder Presetsignal

Abhängig vom Eingangsvektor X ändert sich der Ausgangsvektor Y taktunabhängig; damit ist es möglich, daß für jeden Zustand verschiedene Ausgangsvektoren gültig sind. Die Codierung der Zustände ist frei wählbar mit der einzigen Ausnahme, daß der **asynchron** erzeugte Zustand alle Flipflops zu 0 (Reset) bzw. 1 (Preset) setzt.

4.2.2 Mooreautomat Klasse A

Die Unterscheidung der Mooremaschinen nach Klasse A, B oder C wird gemäß [2] vorgenommen.

Bild 4.3 enthält ein Register mit gemeinsamem Kontrollblock für die Zustands- und Moorevariablen: Sie werden mit demselben Takt angesteuert und ggf. gemeinsam asynchron gesetzt bzw. zurückgesetzt. Die Schaltung unterscheidet sich von derjenigen in Bild 4.2 nicht nur dadurch, daß die Ausgangsvariablen zusätzlich über Flipflops geführt werden. Das Schaltnetz muß so entwickelt werden, daß es für jeden Zustand genau einen festgelegten Ausgangsvektor M gibt. Häufig zeichnet man den Automaten wie den der Klasse C (Bild 4.5) und muß aus dem Zusammenhang erkennen, welcher Typ gemeint ist.

Es ist selbstverständlich auch möglich, das System so zu entwickeln, daß das Flipflop einer AV während einer Taktperiode eines Zustands logisch 0 und während einer anderen Taktperiode desselben Zustandes logisch 1 ist. Solche AVs werden zwar taktsynchron geändert, werden aber nicht als Moorevariable bezeichnet (Definition).

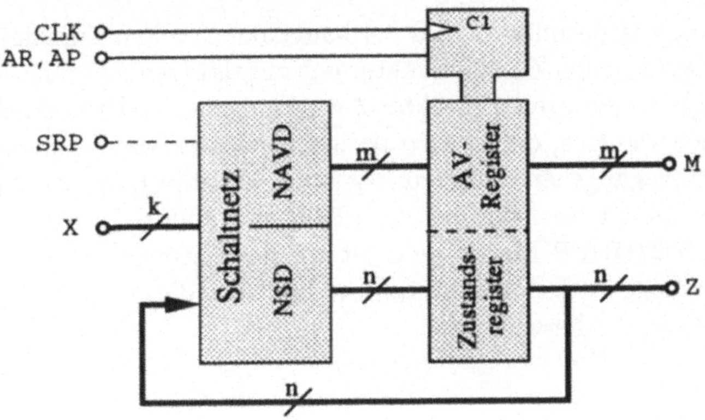

Bild 4.3 Mooreautomat Klasse A; NSD: Next State Decoder; NAVD: Decoder für nächsten Ausgangsvektor; **X**, **M**, **Z**: Vektoren der Eingangs-, der Ausgangsvariablen mit Mooreverhalten bzw. der Zustandsvariablen; k, m, n: Anzahl der Eingangs-, der Ausgangs- bzw. der Zustandsvariablen; **AR**, **AP**: asynchroner Reset bzw. Preset; **SRP**: synchrones Reset- und/oder Presetsignal

4.2.3 Mooreautomat Klasse B

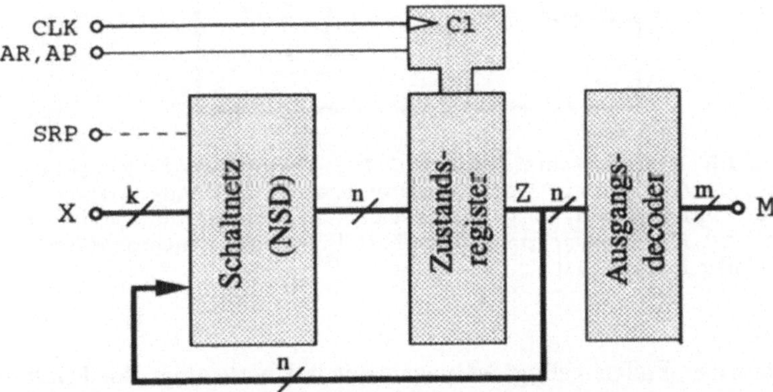

Bild 4.4 Mooreautomat Klasse B; NSD: Next State Decoder; **X**, **M**, **Z**: Vektoren der Eingangs-, der Ausgangsvariablen mit Mooreverhalten bzw. der Zustandsvariablen; k, m, n: Anzahl der Eingangs-, der Ausgangs- bzw. der Zustandsvariablen; **AR**, **AP**: asynchroner Reset bzw. Preset; **SRP**: synchrones Reset- und/oder Presetsignal

Der Ausgangsdecoder in Bild 4.4 hängt nur von den Zustandsvariablen Z ab, er erzeugt für jeden Zustandsvektor den zugehörigen Ausgangsvektor **M**. Die Unabhängigkeit vom Eingangsvektor **X** wird in keiner anderen Darstellungsweise so deutlich wie hier, daher wird darauf verzichtet, die Ausgangssignale wie bei den vorangegangenen und dem folgenden Maschinentyp dem Schaltnetz zu entnehmen. Bei der Realisierung mit PLDs wird aber der Ausgangsdecoder in derselben UND/ODER-Matrix gebildet wie der Decoder für den nächsten Zustand. Er erzeugt immer eine zusätzliche Laufzeit; dies kann bei zeitkritischen Aufgaben Probleme hervorrufen.

4.2.4 Mooreautomat Klasse C

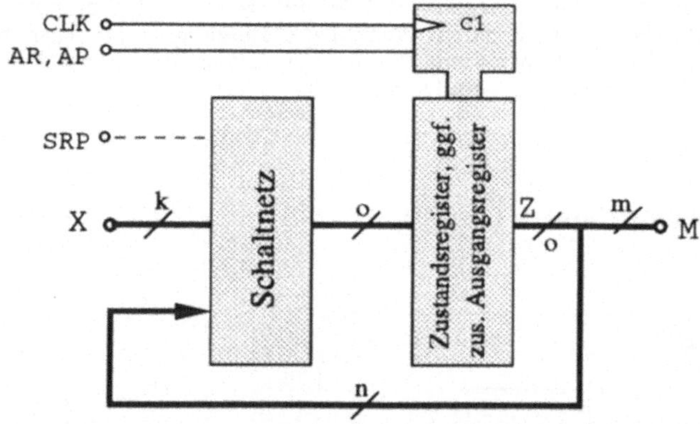

Bild 4.5 Mooreautomat Klasse C; **X**, **M**, **Z**: Vektoren der Eingangs-, der Ausgangsvariablen mit Mooreverhalten bzw. der Zustandsvariablen; k, m, n: Anzahl der Eingangs-, der Ausgangs- bzw. der Zustandsvariablen; o: s. Text; **AR**, **AP**: asynchroner Reset bzw. Preset; **SRP**: synchrones Reset- und/oder Presetsignal

In manchen Fällen gelingt es nach einiger Überlegung, die Flipflops der Moorevariablen von Bild 4.3 zur Zustandscodierung heranzuziehen (sog. **Codierung nach Ausgabe**). Man spart dann die zusätzlichen Flipflops für die Zustandscodierung und bekommt eine Schaltung mit sehr geringem Aufwand (Bild 4.5). Im einfachsten Fall können alle Zustände mit den Ausgangsflipflops eindeutig codiert werden, so daß sich $o = m = n$ ergibt. Abhängig von der Problemstellung kann m aber auch größer oder kleiner als n sein. Im Signalbeispiel mit synchronem Reset auf Seite 42 werden 2 Zustandsflipflops ($n = 2$) für 3 Moorevariablen ($o = 3$, $m = 3$)benötigt. Die Lösung der Aufgabe *PKW-Alarmanlage* erfordert zur eindeutigen Codierung der Zustände ein Zusatzflipflop, so daß $n = 5$, $o = 5$ und $m = 4$ ist (Seite 138).

4.2.5 Zustandsmaschinen mit Mealy- und Moorevariablen

Es ist selbstverständlich möglich, Zustandsmaschinen zu entwerfen, die sowohl Mealy- als auch Moorevariable erzeugen. Je nach Anwendungsfall ist es durchaus sinnvoll, für die jeweilige Ausgangsvariable synchrones oder asynchrones Verhalten zu erwingen.

4.2.6 Entwurf von Zustandsmaschinen

Eine Zustandsmaschine kann in folgenden Schritten entworfen werden:

1. **Definition der unterscheidbaren Zustände**. Dieser Schritt ist in der Regel der schwierigste. Im allgemeinen kann man die einzelnen Zustände aus der Aufgabenstellung nicht unmittelbar erkennen. Man muß letztere zunächst sehr genau analysieren und dabei zwischen der Beschreibung von Zuständen und ihren Übergängen unterscheiden. Häufig sind nur bestimmte Reaktionen der Schaltung spezifiziert, und man muß zunächst herausfinden, in welchem Zustand diese Reaktion erwünscht ist. Die Zuweisung von Nummern zu den einzelnen Zuständen ist im Prinzip beliebig, sie muß jedoch eindeutig sein.

   Manche Signale sollen nur in einem Zustand wahr sein, andere bei mehreren; es ist zu überlegen, ob sie in den übrigen Zuständen nicht gesetzt (= log. 0) sein sollen oder ob der Zustand unwichtig ist (don't care). Don't cares der Ausgangssignale sollte man immer nutzen, da sie eine bessere Optimierung (eine mit weniger Produkttermen) ermöglichen.

   Im kommerziellen Bereich werden Logikcompiler angeboten, die in der Lage sind, die Anzahl der Zustände zu reduzieren. Dies ist nur möglich, wenn der Entwickler nicht erkannt hat, daß zwei oder mehr seiner Zustände logisch identisch sind, daß er seinen Entwurf also nicht voll durchdacht hat. In diesen Fällen ist zu empfehlen, die gewünschten Funktionen noch einmal zu überdenken und den Entwurf zu überarbeiten.

2. **Zustandsdiagramm entwickeln**. Nachdem die Zustände definiert sind, müssen aus der Aufgabenstellung die Übergänge ermittelt werden. Unter einer Übergangsbedingung verstehen wir die Bitmuster des Eingangsvektors bzw. ihre äquivalente Boolesche Gleichung, die das System aus einem Zustand in einen anderen überführen.

   Es gibt eine Reihe von Darstellungsmöglichkeiten für Zustandsdiagramme; wir wählen die Form des Blasendiagramms (*bubble diagram*), bei dem die Zustände als Kreise mit eingetragener Zustandsnummer gezeichnet werden. Die Übergänge werden als Pfeile dargestellt, wobei die Spitze auf den Folgezustand zeigt (siehe z. B. Bild 4.7). An den Pfeil schreibt man die Übergangsbedingung als Boolesche Gleichung. Folgende Vorgehensweise hat sich als brauchbar erwiesen:

- Zustandskreise zeichnen und Zustandsnummer eintragen
- Übergänge für den Normalbetrieb eintragen
- Übergänge für Sonderfunktionen eintragen (z. B. Reset)
- Haltefunktionen eintragen. Hierunter sind Eingangsvektoren bzw. eine Boolesche Gleichung zu verstehen, die beschreiben, unter welchen Bedingungen ein Zustand im nächsten Taktzyklus beibehalten wird. Es ist anzustreben, die Haltefunktion eines Zustandes zunächst aus der Aufgabenstellung zu formulieren und anschließend formal zu überprüfen.

  Für die formale Herleitung der Booleschen Gleichung geht man von folgender Überlegung aus: Alle Eingangsbedingungen, die nicht zu einem Zustandswechsel führen, sind der Haltefunktion zuzuordnen. Die Haltefunktion ergibt sich also als Negation der ODER-Verknüpfung aller Übergänge in andere Zustände.
- Konsistenzprüfung. Ein Konsistenzfehler liegt vor, wenn sich die Übergangsbedingungen (einschließlich Haltefunktion) nicht gegenseitig ausschließen. Da die Schaltung mit derselben aktiven Taktflanke nicht in zwei oder mehr Zustände wechseln kann, sind Konsistenzfehler immer schwere Funktionsfehler.
- Vollständigkeitsprüfung. Die Übergänge aus einem Zustand müssen vollständig definiert sein, d. h. für alle möglichen Eingangsvektoren muß ein Folgezustand definiert sein.

3. **Zustandscodierung festlegen.** Aus der Anzahl der Zustände berechnet man die Anzahl der Zustandsbits. In der Wahl der Codes für die einzelnen Zustände unterliegt man zunächst keinen Einschränkungen. Außer beim Mooreautomaten der Klasse C kann man, solange die Zustände eindeutig codiert sind, jeden beliebigen Code wählen.

   Bei asynchronem Reset bzw. Preset gilt die Einschränkung, daß der Zustand nach dem Einschalten des Systems mit `000...00` bzw. `111...11` codiert sein muß. Im ersten Ansatz wählt man außer bei asynchronem Preset den Dualcode. Weitere Einschränkungen ergeben sich in der Praxis (nicht bei den einfachen Beispielen dieses Buches), wenn z. B. die verfügbaren Produktterme nicht ausreichen.

   In solchen Fällen wird man, wenn andere Codierungen mit derselben Anzahl von Zustandsbits ebenfalls nicht zum Erfolg führen, ihre Anzahl erweitern. Mit der dadurch erzielten Redundanz kann man manche Zustände mit don't cares an einzelnen Bitpositionen versehen, so daß ein Zustand mit mehr als einem Bitmuster codiert werden kann. Solange die Zuordnung eines Codewortes zum Zustand eindeutig ist, kann das ohne weiteres durchgeführt werden. In der Lösung zur Aufgabe *PKW-Alarmanlage* auf Seite 140 wird hierauf näher eingegangen.

4. **Übergangstabelle entwerfen.** Aus dem Zustandsdiagramm und der gewählten Codierung entwickelt man die Übergangstabelle.

5. **Ansteuergleichungen entwickeln und minimieren.** Aus der Übergangstabelle kann man nach den üblichen Methoden die Ansteuergleichungen der Zustandsflipflops und der Ausgangsvariablen ermitteln. In vielen Fällen ergibt sich eine Redundanz dadurch, daß das System weniger Zustände kennt, als mit den Zustandsbit codierbar sind. Wird durch die Resetbedingung immer ein gültiger Zustand erreicht, sind die nicht benötigten Zustandsvektoren für die Ausgangsvariablen und die Zustandsflipflops als don't care anzusehen und bieten sich zur Schaltungsvereinfachung an. Bei allen Lösungen von Aufgaben mit nicht benötigten Codeworten, bei denen Übergangsgleichungen angegeben sind, sind diese Minimierungsmöglichkeiten genutzt.

4.2.7 Beispiel Eisenbahnsignal – Aufgabenstellung

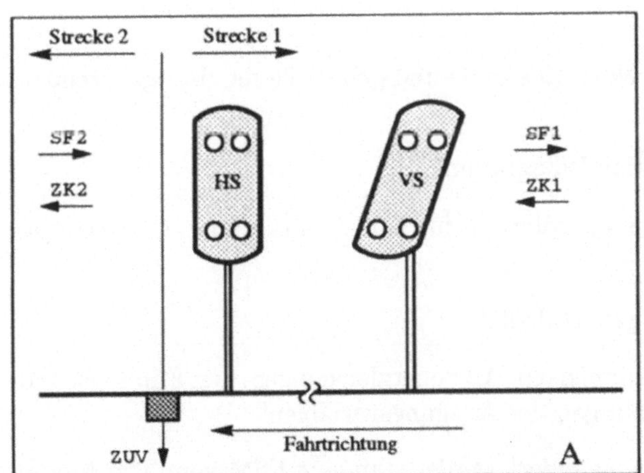

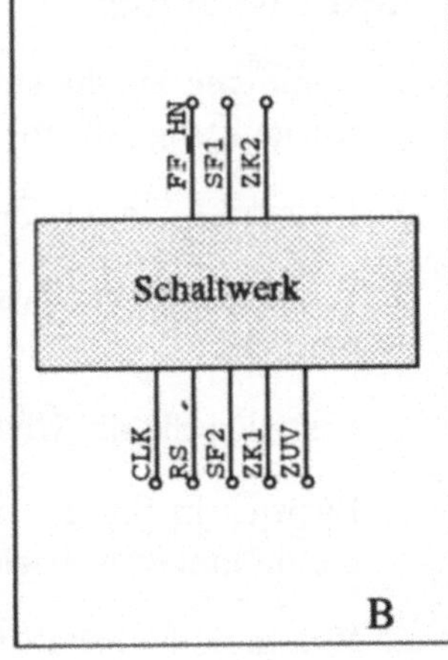

Bild 4.6 Eisenbahnsignalanlage; A: Anlage; B: Zustandsmaschine; FF_HN: Freie Fahrt (= 1) bzw. Halt (Negativ true, = 0); HS: Hauptsignal; RS: ReSet; SF1, SF2: Strecke 1 bzw. 2 ist Frei; VS: Vorsignal; ZK1, ZK2: Zug Kommt auf Strecke 1 bzw. 2; ZUV: ZUg Vorbei

Ein Eisenbahngleis, das nur in einer Richtung befahren werden kann, werde durch ein Vor- und ein Hauptsignal gesichert (Bild 4.6). Beide Signale werden gleichzeitig auf *Halt* oder *Freie Fahrt* geschaltet, so daß der Lokführer an der Stellung des Vorsignals erkennen kann, ob er den Zug bis zum Hauptsignal zum Stehen bringen muß. Unmittelbar hinter dem Hauptsignal befindet sich der Sensor *Zug vorbei*, der das entsprechende Signal ZUV = 1 nach dem Passieren der Anlage abgibt. Nach dem Einschalten erzeuge das Schaltwerk die Signalstellung *Halt*.

Die Züge verkehren im Blockbetrieb: Es gibt je eine gleichartige vorangehende und nachfolgende Anlage, mit denen das System über elektrische Signale kommuniziert. Die Züge werden durch die Schaltwerke von Block (nachfolgende Strecke und technische Systeme) zu Block geleitet, wobei deren elektrische Signale die Melde- und Sicherungsfunktionen übernehmen.

Wird von der vorangehenden Anlage ein Zug durch ZK1 = 1 gemeldet, so wird die Signalstellung *Freie Fahrt* erst gesetzt, und damit die Einfahrt in die Strecke 2 freigegeben, wenn vom nachfolgenden System die Meldung SF2 = 1 vorliegt. ZK1 = 1 muß unbedingt im nächsten Takt mit SF1 = 0 (*Strecke* 1 **nicht** *frei*) quittiert werden. Mit ZUV = 1 soll das Schaltwerk

- die Signale auf *Halt* setzen
- die Meldung ZK2 = 1 an das folgende Schaltwerk im nächsten Streckenabschnitt schicken.

Aufgabenstellung:

1. Definieren Sie die einzelnen Zustände und geben Sie die dazugehörenden Ausgangssignale an!
2. Entwerfen Sie das Zustandsdiagramm!
3. Wählen Sie eine Zustandscodierung für eine Realisierung als Mealymaschine!
4. Erstellen Sie die Übergangstabelle!
5. Entwickeln Sie die minimierten Ansteuergleichungen der Flipflops und die minimierten Gleichungen der Ausgangsvariablen!
6. Wie muß die Schaltung geändert werden, um eine FSM vom Typ Moore Klasse A zu erhalten?
7. Realisieren Sie das Schaltwerk als Maschine vom Typ Moore Klasse B. Entwickeln Sie die Ansteuergleichungen der Flipflops und der Gleichungen des Ausgangsdecoders!
8. Realisieren Sie das Schaltwerk als Maschine vom Typ Moore Klasse C!

- Erstellen Sie die Übergangstabelle!
- Entwickeln Sie die minimierten Übergangsgleichungen!

4.2.8 Beispiel Eisenbahnsignal – Lösung

1. **Definition der Zustände und Ausgangsignale**

   Bei näherer Betrachtung zeigt sich, daß nur die vier in Tab. 4.1 angegebenen Zustände mit den angegebenen Außenwirkungen existieren. Zur Codierung genügen also 2 Flipflops, deren Ausgänge auch beide in die Eingangsmatrix zurückgeführt werden müssen. Man beachte, daß die Definition der Zustände sich nur am realen System orientiert, nicht an irgendwelchen Signalverläufen; dies ist in vielen anderen Fällen, in denen z. B. nur Eingangssignale gegeben sind, aus denen bestimmte Zeitfunktionen der Ausgangssignale generiert werden sollen, natürlich anders.

ZS	Bezeichnung	Außenwirkung	Ausgangssignale
1	beide Strecken frei (Ruhezustand)	Signal auf *Halt* Strecke 1 frei kein Zug kommt	FF_HN = 0 SF1 = 1 ZK2 = 0
2	Strecke 1 befahren Strecke 2 frei	Signal auf *Freie Fahrt* Strecke 1 befahren kein Zug kommt	FF_HN = 1 SF1 = 0 ZK2 = 0
3	Strecke 1 frei Strecke 2 befahren	Signal auf *Halt* Strecke 1 frei Zug kommt	FF_HN = 0 SF1 = 1 ZK2 = 1
4	beide Strecken befahren	Signal auf *Halt* Strecke 1 befahren Zug kommt	FF_HN = 0 SF1 = 0 ZK2 = 1

Tabelle 4.1 Zustände des Systems und Außenwirkung; ZS: Zustand

2. **Zustandsdiagramm** (Bild 4.7)

   Bei der Betrachtung gehen wir vom Ruhezustand 1 aus. Sobald vom vorangehenden System ein Zug gemeldet wird (ZK1 = 1), geht das Schaltwerk über in den Zustand 2. Hat der Zug die Signalanlage passiert (ZUV = 1), erfolgt der Übergang nach Zustand 3.

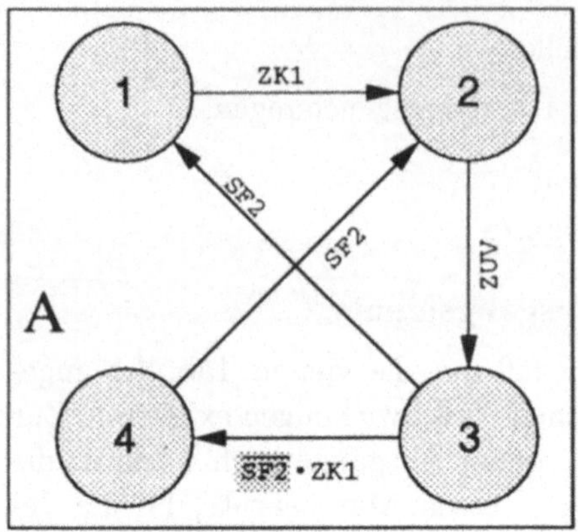

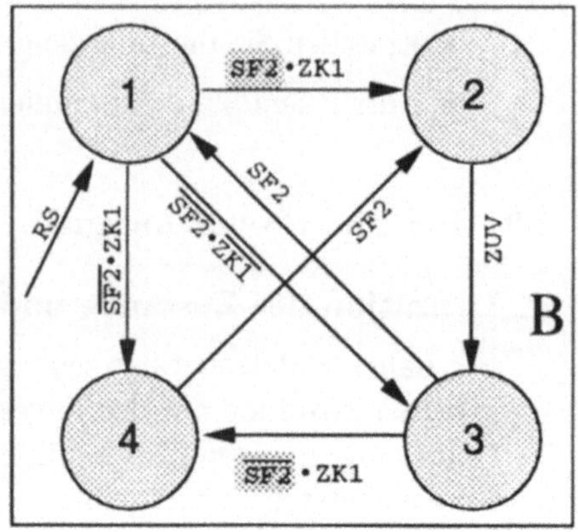

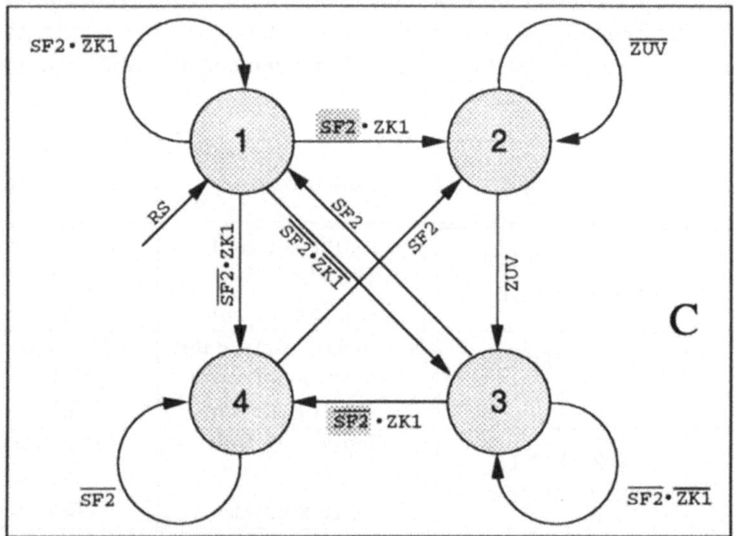

Bild 4.7 Zustandsdiagramme; A: Übergänge bei normalem Ablauf; B: Übergänge unter Berücksichtigung eines Resets im laufenden Betrieb; C wie B:, zusätzlich Haltefunktionen; grau hinterlegte Signale sind zur Vermeidung von Konsistenzfehlern einbezogen

In den meisten Fällen hat der Zug nach einer längeren Zeit die folgende Signalanlage passiert, die daraufhin die Strecke 2 frei meldet (SF2 = 1). Damit kann das Schaltwerk in den Ruhezustand 1 zurückkehren.

Bei Strecken mit höherer Zugfolgefrequenz kann im Zustand 3, in dem Strecke 1 ja frei gemeldet wurde (SF1 = 1), ein Zug in Strecke 1 einfahren. Damit sind beide Strecken belegt, und dieser Zustand des physikalischen Systems muß sich im logischen widerspiegeln, es erfolgt der

Übergang in den Zustand 4. Er kann nur dadurch verlassen werden, daß Strecke 2 freigegeben wird (SF2 = 1). Da zu diesem Zeitpunkt Strecke 1 auf jeden Fall befahren ist, kann nur ein Übergang in Zustand 2 erfolgen. Der weitere Verlauf ist identisch mit dem schon zuerst geschilderten.

Würde man den Übergang von Zustand 3 nach Zustand 4 mit ZK1 = 1 zulassen, so könnte bei gleichzeitigem Auftreten von SF2 = 1 und ZK1 = 1 nicht entschieden werden, ob das System in den Zustand 1 oder 4 wechseln soll (Konsistenzfehler). Der Fall, daß innerhalb derselben Taktperiode Strecke 1 neu befahren und Strecke 2 gerade frei wird, ist zwar nicht sehr wahrscheinlich, aber nicht auszuschließen. Ein sauber definiertes Schaltwerk muß auch diesen Fall berücksichtigen und einen eindeutige Übergang festlegen. In unserem Beispiel kann man im Prinzip die Übergänge 3 → 4 und 3 → 1 wie in Bild 4.7 A angeben oder den Übergang 3 → 4 mit ZK1 (= 1) und den Übergang 3 → 1 mit $\overline{\texttt{ZK1}} \cdot \texttt{SF2}$ (= 1) festlegen.

Im gezeichneten Fall geht der Automat zunächst in den Zustand 4 und dann nach 2, im anderen Fall über den Zustand 1 nach 2. Beide Varianten sind hier gleichwertig (ausreichend hohe Taktfrequenz vorausgesetzt). In vielen anderen Fällen muß man sehr genau überlegen, welcher Folgezustand zuerst eingenommen werden soll. Ein überzeugendes Beispiel sind die Übergänge aus dem Zustand 2 in der Lösung zur Schrankenaufgabe (Bild 4.7 und die Sicherheitsanalyse auf Seite 144).

In Bild 4.7 B wurden die Erweiterungen für einen asynchronen Reset eingetragen. Bei manchen Systemen genügt es nicht, einen Resetzustand zu definieren, der nach dem Einschalten das gesamte System planmäßig zum Laufen bringt. Es gibt Fälle, bei denen nach einem Ausfall **im laufenden Betrieb** und nicht im Resetzustand das Schaltwerk nach der Wiederkehr der Spannung aufgrund der anliegenden Eingangssignale in den logischen Zustand übergehen muß, der den physikalischen Zustand des Systems repräsentiert.

Das Schaltwerk ist in der Lage, durch die zusätzlich eingeführten Übergänge 1 → 3 und 1 → 4 sowie der Verknüpfung des Übergangs 1 → 2 mit SF2 jeden denkbaren Zustand des realen Systems logisch innerhalb einer Taktperiode zu erreichen.

3. **Zustandscodierung** Bei einem Schaltwerk mit asynchronem Reset ist vorgeschrieben, daß der Resetzustand mit 00 codiert wird. Der einfachste Fall ist also die Dualcodierung (Tab. 4.2 links), in der rechten Hälfte sind Alternativen aufgezeigt. Beim synchronen Reset wird nur noch die Eindeutigkeit der Codierung gefordert.

Zustand	Z1	Z0	Z1	Z0	Z1	Z0
1	0	0	0	0	0	0
2	0	1	0	1	1	1
3	1	0	1	1	1	0
4	1	1	1	0	0	1

Tabelle 4.2 Gewählte (links) und zwei alternative Codierungen (rechts) einer FSM mit asynchronem Reset

4. **Übergangstabelle** Die Übergangstabelle Tab. 4.3 wurde aus dem Zustandsdiagramm Bild 4.7 C entwickelt; sie beschreibt auf der linken Seite den momentanen Zustand ZS mit seiner Codierung Z und die möglichen Eingangsvektoren X, die den Übergang in einen anderen oder die Beibehaltung des gegenwärtigen Zustandes bewirken (Takt t_n). Auf der rechten Seite steht der Folgezustand mit seiner Codierung Z (Takt t_{n+1}) und der sich ergebende Ausgangsvektor Y.

ZS	X			Z		FZ	Z		Y			Bemerkung
	ZUV	SF2	ZK1	Z1	Z0		Z1	Z0	SF1	ZK2	FF_HN	
1	-	1	0	0	0	1	0	0	1	0	0	Ruhezustand halten
1	-	1	1	0	0	2	0	1	0	0	1	→ Strecke 1 besetzt
1	-	0	0	0	0	3	1	0	1	1	0	→ Strecke 2 besetzt
1	-	0	1	0	0	4	1	1	0	1	0	→ beide Strecke besetzt
2	0	-	-	0	1	2	0	1	0	0	1	Haltefunktion
2	1	-	-	0	1	3	1	0	1	1	0	→ Strecke 2 besetzt
3	-	1	-	1	0	1	0	0	1	0	0	→ beide Strecken frei
3	-	0	1	1	0	4	1	1	0	1	0	→ beide Strecke besetzt
3	-	0	0	1	0	3	1	0	1	1	0	Haltefunktion
4	-	0	-	1	1	4	1	1	0	1	0	Haltefunktion
4	-	1	-	1	1	2	0	1	0	0	1	→ Strecke 1 besetzt
t_n						t_{n+1}			$t_ä$			Zeitpunkt

Tabelle 4.3 Übergangstabelle Signalsteuerung – Mealymaschine; ZS: momentaner Zustand; X: Eingangsvektor; Z: Zustandsvektor; FZ: Folgezustand; Y: Ausgangsvektor; t_n, t_{n+1} und $t_ä$: s. Text

Der Folgezustand ergibt sich nach der nächsten aktiven Taktflanke. Da die Codierung eindeutig sein muß, hat ein Folgezustand dieselbe Codierung wie der momentane Zustand mit derselben Nummer. Bei der Mealymaschine hängt der Zeitpunkt t_{n+1} der Änderung des Ausgangsvektors Y vom Zeitpunkt der Änderung des Eingangsvektors ab. Ein Bindestrich (-) bei einer Eingangsvariablen dient der verkürzten Schreibweise; er steht jeweils für eine 1 und eine 0, die beim Berechnen der Übergangsgleichungen beide berücksichtigt werden müssen. So repräsentieren alle Zeilen des momentanen Zustandes 1 jeweils zwei logische Zeilen und alle Zeilen des momentanen Zustandes 2 jeweils vier logische Zeilen. $t_{\ddot{a}}$ ist ein Zeitpunkt in der Taktperiode t_n.

5. **Minimierte Übergangsgleichungen** Die Minimierung kann nach einer der schon in den vorangegangenen Kapiteln behandelten Methoden durchgeführt werden. Es ergeben sich die folgenden Lösungen (Z1 und Z0 sind D-Flipflops)[1]:

$$\begin{aligned}
\mathtt{SF1} &:= \overline{\mathtt{ZK1}}\cdot\overline{\mathtt{Z0}} + \mathtt{ZUV}\cdot\overline{\mathtt{Z1}}\cdot\mathtt{Z0} + \mathtt{SF2}\cdot\mathtt{Z1}\cdot\overline{\mathtt{Z0}}\\
\mathtt{ZK2} &:= \mathtt{ZUV}\cdot\overline{\mathtt{Z1}}\cdot\mathtt{Z0} + \overline{\mathtt{SF2}}\cdot\mathtt{Z1} + \overline{\mathtt{SF2}}\cdot\overline{\mathtt{Z0}}\\
\mathtt{FF_HN} &:= \mathtt{SF2}\cdot\mathtt{ZK1}\cdot\overline{\mathtt{Z1}}\cdot\overline{\mathtt{Z0}} + \overline{\mathtt{ZUV}}\cdot\overline{\mathtt{Z1}}\cdot\mathtt{Z0} + \mathtt{SF2}\cdot\mathtt{Z1}\cdot\mathtt{Z0}\\
\mathtt{Z1} &:= \mathtt{ZUV}\cdot\overline{\mathtt{Z1}}\cdot\mathtt{Z0} + \overline{\mathtt{SF2}}\cdot\mathtt{Z1} + \overline{\mathtt{SF2}}\cdot\overline{\mathtt{Z0}}\\
\mathtt{Z0} &:= \overline{\mathtt{ZUV}}\cdot\mathtt{Z0} + \mathtt{Z1}\cdot\mathtt{Z0} + \mathtt{ZK1}\cdot\overline{\mathtt{Z1}}\cdot\overline{\mathtt{Z0}} + \overline{\mathtt{SF2}}\cdot\mathtt{ZK1}\cdot\mathtt{Z1}
\end{aligned}$$

Faßt man für Z0 im KV-Diagramm die Nullen zusammen, so kommt man mit drei Produktermen aus:

$$\overline{\mathtt{Z0}} := \overline{\mathtt{ZK1}}\cdot\overline{\mathtt{Z0}} + \mathtt{ZUV}\cdot\overline{\mathtt{Z1}}\cdot\mathtt{Z0} + \mathtt{SF2}\cdot\mathtt{Z1}\cdot\overline{\mathtt{Z0}}$$

Diese Lösung kann allerdings nur realisiert werden, wenn der programmierbare Inverter vor der Makrozelle aktiviert wird (siehe Bild 4.1).

6. Für eine **Realisierung als Mooremaschine vom Typ A** müssen lediglich die Ausgangsvariablen ZK1, SF1 und FF_HN über Flipflops geführt werden. Die Übergangstabelle bleibt unverändert. Es ist allerdings zu beachten, daß sich die AVs jetzt erst mit der folgenden aktiven Taktflanke ändern. Bei ausreichend hoher Taktfrequenz ist dies im vorliegenden Beispiel ohne Bedeutung.

7. Für eine **Realisierung als Mooremaschine vom Typ B** gelten bei gleicher Codierung wie in den vorangegangenen Fällen dieselben Übergangsgleichungen für die Zustandsflipflops Z1 und Z0. Der Ausgangsdecoder läßt sich mit Hilfe von Tab. 4.1 und der gewählten Zustandscodierung

Zustand	Z1	Z0	SF1	ZK2	FF_HN
1	0	0	1	0	0
2	0	1	0	0	1
3	1	0	1	1	0
4	1	1	0	1	0

Tabelle 4.4 Ausgangsdecoder einer Realisierung als Mooremaschine Typ B

(Tab. 4.2) als Funktionstabelle angeben (Tab. 4.4).

Die Gleichungen des Decoders kann man anhand von Tab. 4.4 unmittelbar hinschreiben:

$$\begin{aligned} \mathtt{SF1} &= \overline{\mathtt{Z0}} \\ \mathtt{ZK2} &= \mathtt{Z1} \\ \mathtt{FF\_HN} &= \overline{\mathtt{Z1}} \cdot \mathtt{Z0} \end{aligned}$$

8. **Mooremaschine Klasse C** Betrachtet man sich Tab. 4.4 genauer, so sieht man, daß die beiden Ausgangsvariablen SF1 und ZK2 für jeden Zustand ein anderes Bitmuster ergeben. Dies ist die Voraussetzung dafür, daß man die Signale zur Zustandscodierung heranziehen und auf diese Weise die beiden Zustandsflipflops Z1 und Z0 einsparen kann. Statt der separaten Zustandsflipflops müssen dann SF1 und ZK2 in das Eingangsschaltnetz zurückgeführt werden.

   Ein Problem handelt man sich im vorliegenden Fall ein: Bei einem asynchronen Reset wird der Zustand 2 eingestellt. Betrachtet man das Zustandsdiagramm Bild 4.7 C, so stellt man fest, daß er nur verlassen werden kann, wenn ein Zug das ZUV-Signal am Sensor auslöst. Geschieht der Reset während Strecke 2 besetzt und auf Strecke 1 ein weiterer Zug unterwegs ist, so kann es zum Unfall kommen, wenn der vordere Zug langsamer ist oder aufgrund eines Haltsignals im nachfolgenden Block die Strecke nicht verlassen kann.

   Hier zeigt sich das schon angesprochene Problem, das bei einzelnen Systemen von außerordentlicher Bedeutung werden kann: Kann die Resetbedingung eines Systems während des Betriebs auftreten, so muß das Schaltwerk so ausgelegt werden, daß durch den Reset entweder ein Zustand eintritt, der keine gefährlichen Auswirkungen hat, oder die Zustände müssen

[1] Die Zuweisungen für Flipflops erfolgen durch :=, die Signale rechts davon sind vor, und das Signal auf der linken Seite ist nach der nächsten aktiven Taktflanke gültig.

in schneller Folge so durchlaufen werden, daß der Zustand des Schaltwerks dem des physikalischen Systems entspricht. Alle dabei durchlaufenen Zustände dürfen das System nicht in Gefahr bringen!!

Es bieten sich folgende alternativen Lösungsvarianten an:

- Das asynchrone Rücksetzsignal setzt ZK2 = 0 und gleichzeitig SF1 = 1 und erzeugt damit den Zustand 1; dies ist nur möglich bei Bausteinen, bei denen zwischen einer Reset- oder Preset-Funktion des einzelnen Flipflops gewählt werden kann (z. B. MACH 2-Bausteine der Firma AMD).
- Man entwickelt $\overline{\texttt{SF1}}$ statt SF1 und greift die Rückführung in die Eingangsmatrix und das externes Signal am $\overline{\texttt{Q}}$-Ausgang des Flipflops ab.
- Man erweitert das Zustandsdiagramm um die Übergänge, die die Zustandsmaschine in den Zustand überführen, der dem physikalischen System entspricht (Bild 4.8 A).

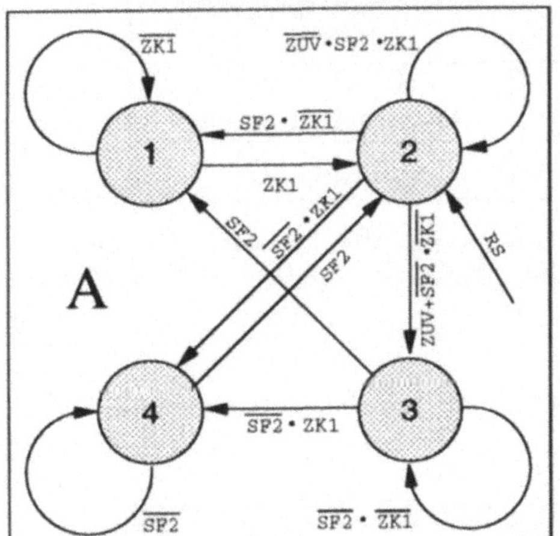

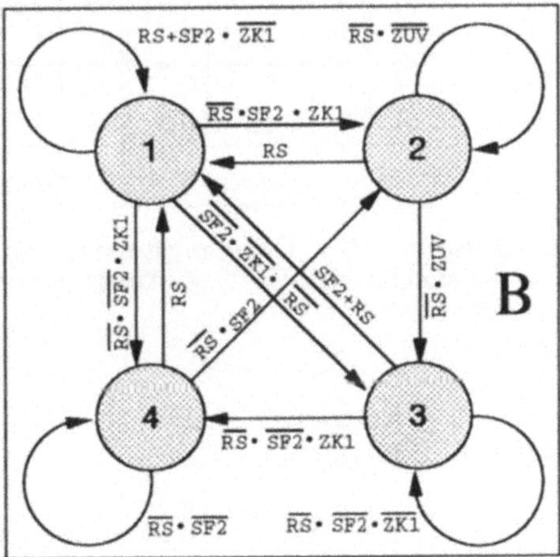

Bild 4.8 Zustandsdiagramme; A: Übergänge bei einem Reset auf Zustand 2; B: synchroner Reset

- Man erzeugt einen synchronen Reset und ist dann frei von Einschränkungen bzgl. der Codierung[2]. Bild 4.8 B zeigt das entsprechende Diagramm und Tab. 4.5 die zugehörige Übergangstabelle; es fällt auf, daß jetzt jeder Übergang zusätzlich die Variable RS enthält. Das Zustandsdiagramm wird durch den synchronen Reset etwas unübersichtlicher. Man kann daher auch Bild 4.7 C verwenden und einen

[2] Mealy- und Mooremaschinen der Klassen A und B können ebenso mit synchronem Reset entworfen werden.

entsprechenden Vermerk machen, der sicherstellt, daß man beim Erstellen der Übergangstabelle das RS-Signal nicht vergißt.

ZS	X				Z		FZ	M			Bemerkung
	RS	ZUV	SF2	ZK1	SF1	ZK2		SF1	ZK2	FF_HN	
1-4	1	-	-	-	-	-	1	1	0	0	Resetübergang
1	0	-	1	0	1	0	1	1	0	0	Ruhezustand halten
1	0	-	1	1	1	0	2	0	0	1	→ Strecke 1 besetzt
1	0	-	0	0	1	0	3	1	1	0	→ Strecke 2 besetzt
1	0	-	0	1	1	0	4	0	1	0	→ beide Strecken besetzt
2	0	0	-	-	0	0	2	0	0	1	Haltefunktion
2	0	1	-	-	0	0	3	1	1	0	→ Strecke 2 besetzt
3	0	-	1	-	1	1	1	1	0	0	→ beide Strecken frei
3	0	-	0	1	1	1	4	0	1	0	→ beide Strecke besetzt
3	0	-	0	0	1	1	3	1	1	0	Haltefunktion
4	0	-	0	-	0	1	4	0	1	0	Haltefunktion
4	0	-	1	-	0	1	2	0	0	1	→ Strecke 1 besetzt
t_n							t_{n+1}				Taktperiode

Tabelle 4.5 Übergangstabelle Signalsteuerung, Mooremaschine Klasse C mit synchronem Reset; M: Ausgangsvektor; ZS, X, Z, FZ, t_n, t_{n+1}: siehe Tabelle 4.3

Entwickelt man aus Tabelle 4.5 die minimierten Gleichungen, so ergibt sich:

$$\mathtt{SF1} := \mathtt{RS} + \overline{\mathtt{ZK1}} \cdot \mathtt{SF1} + \mathtt{ZUV} \cdot \overline{\mathtt{SF1}} \cdot \overline{\mathtt{ZK2}} + \mathtt{SF2} \cdot \mathtt{ZK2} \cdot \mathtt{SF1}$$

$$\mathtt{ZK2} := \overline{\mathtt{RS}} \cdot \mathtt{ZUV} \cdot \overline{\mathtt{SF1}} \cdot \overline{\mathtt{ZK2}} + \overline{\mathtt{RS}} \cdot \overline{\mathtt{SF2}} \cdot \mathtt{ZK2} + \overline{\mathtt{RS}} \cdot \overline{\mathtt{SF2}} \cdot \mathtt{SF1}$$

$$\mathtt{FF\_HN} := \overline{\mathtt{RS}} \cdot \mathtt{SF2} \cdot \mathtt{SF1} \cdot \overline{\mathtt{ZK2} \cdot \mathtt{ZK1}} + \overline{\mathtt{RS}} \cdot \overline{\mathtt{ZUV}} \cdot \overline{\mathtt{SF1}} \cdot \overline{\mathtt{ZK2}} + \overline{\mathtt{RS}} \cdot \mathtt{SF2} \cdot \overline{\mathtt{SF1}} \cdot \mathtt{ZK2}$$

4.3 PKW-Innenbeleuchtung

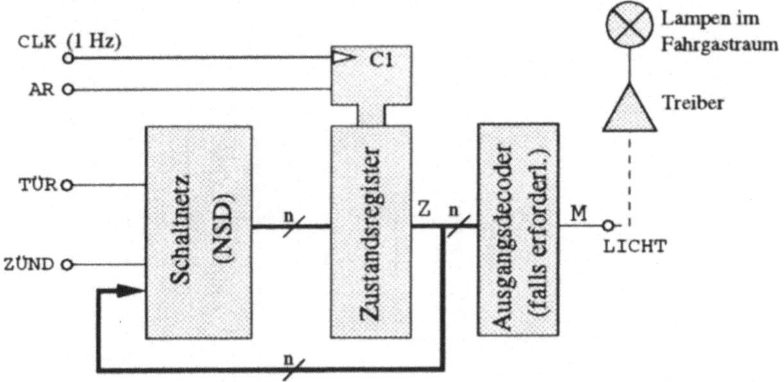

Bild 4.9 Schaltwerk zur PKW-Innenlichtsteuerung

Entwerfen Sie ein Schaltwerk auf der Basis von Bild 4.9 für die Innenlichtüberwachung eines PKWs! Durch das Öffnen einer Tür (TÜR = 1) wird das Licht eingeschaltet (LICHT = 1). Nach dem Schließen (TÜR = 0) leuchtet es für $t_1 = 6$ Sek. weiter, wenn es nicht zuvor durch das Drehen des Zündschalters (ZÜND = 1) abgeschaltet wird. Gehen Sie zur Vereinfachung davon aus, daß die Tür nicht wieder geöffnet wird, solange das Licht brennt, und daß alle Türen ein gemeinsames TÜR-Signal erzeugen!

Entwerfen Sie das Schaltwerk (Zustandsdefinition, -diagramm, Übergangstabelle und -gleichungen sowie die Gleichung des Ausgangssignals)!

4.4 Lichtbandsteuerung

Gegeben ist ein Lichtband aus 8 Lampen (Bild 4.10). Entwickeln Sie ein Schaltwerk, das die Ansteuerung der einzelnen Lampen in den angegebenen Phasen vornimmt!

Nach einem Reset leuchte keine Lampe. Das Signal LBE = 1 (**L**icht**B**and **E**in) startet den Vorgang mit Phase 1, in der die Lampen 1 und 8 leuchten. In den folgenden Phasen wird das Licht von außen nach innen fortgeschaltet. Man hat den Eindruck, als bewege sich ein Licht von L1 nach L8 und ein anderes von L8 nach L1. An den Endpositionen kehrt sich die Richtung jeweils um. Das Leuchtband ist solange in Betrieb, bis LBE zurückgenommen wird. LBE = 0 bewirkt, daß alle Lampen mit der folgenden aktiven Taktflanke ausgeschaltet werden. Mit LBE = 1 kann das Band wieder gestartet werden.

Entwerfen Sie das Schaltwerk (Zustandsdefinition, -diagramm, Übergangstabelle und -gleichungen und den Ausgangsdecoder)!

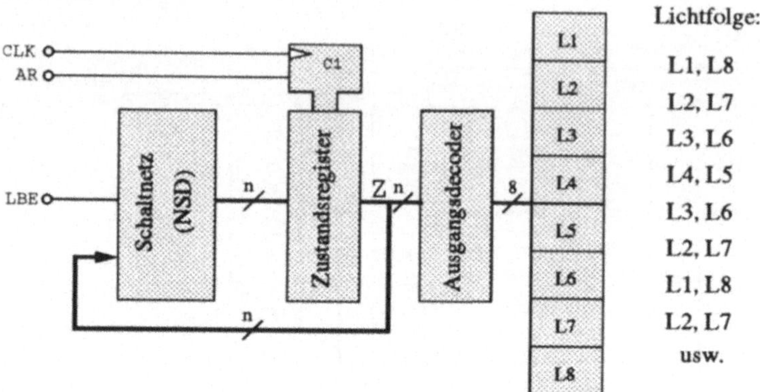

Bild 4.10 Lichtbandsteuerung

4.5 Zähler mit verschiedenen Flipfloptypen

Es ist ein synchroner 3 bit-Zähler als Zustandsmaschine zu entwerfen, der in Abhängigkeit von einer Steuervariablen S1 mit einem Inkrement oder Dekrement von 2 vorwärts oder rückwärts zählt (z. B. vorwärts $1 \to 3 \to 5 \to 7 \to 1$ oder $2 \to 4 \to 6 \to 0 \to 2$).

1. Entwerfen Sie den Zähler nach Bild 4.11 A mit D-Flipflops und zusätzlich mit T-Flipflops!

2. Erweitern Sie die Schaltung mit den D-Flipflops um die Funktion *Paralleles Laden*! Gehen Sie dabei von der Schaltung Bild 4.11 B aus, um die Anzahl der Eingangsvariablen nicht zu groß werden zu lassen! Entwerfen Sie Schaltnetz 2!

3. Läßt sich der Zähler mit Ladefunktion in der gezeigten Form auch realisieren, wenn von der Lösung mit T-Flipflops ausgegangen wird?

4.6 Schwesternruf in einem Krankenzimmer

Für die Patientenzimmer eines Krankenhauses ist ein Schaltwerk zu entwickeln, dessen Funktionen durch folgende Beschreibung erfaßt sind:

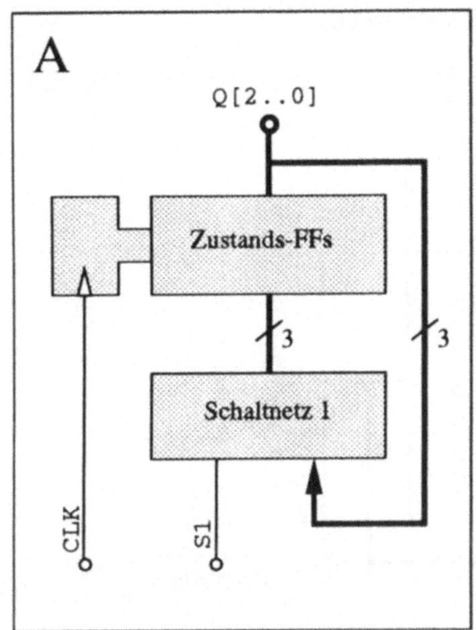

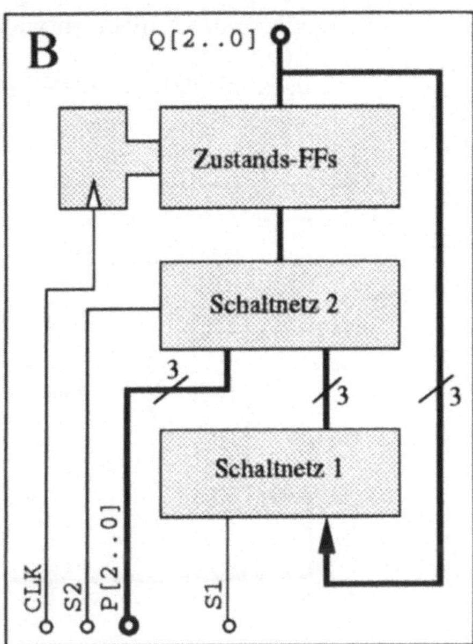

Bild 4.11 Synchroner 3 bit Vorwärts/Rückwärtszähler; A: ohne Parallelladefunktion; B: mit Parallelladefunktion; `S1`: Richtungssteuerung; `S2`: Ladesteuerung; `Q[2..0]`: Zählerflipflops; `P[2..0]`: Paralleleingänge

Jedes Patientenbett ist mit einem eigenen Ruftaster (`RUF`, siehe Bild 4.12) ausgerüstet, mit dem die Krankenschwester alarmiert werden kann. Alle Taster eines Mehrbettzimmers sind parallel geschaltet. Wird der Taster von einem Patienten gedrückt, so leuchtet die auf dem Flur über der Zimmertür angebrachte rote Lampe auf (`ROT = 1`), die externe Alarmleitung wird aktiviert (`EXTAL = 1`), und ein kurzer, durch ein Monoflop zeitlich begrenzter Ton wird abgegeben (`TON = 1`). Der Ton ist sowohl innerhalb des Zimmers als auch auf dem Flur zu hören. `EXTAL` dient der Kommunikation mit den Schaltwerken in anderen Patientenzimmern und im Schwesternzimmer.

Nachdem die Schwester das Zimmer betreten und den Anwesenheitstaster gedrückt hat (`AWT = 1`),

- erlischt die rote Lampe (`ROT = 0`)
- leuchten die gelbe Lampe (`GELB`) auf dem Flur, die zeigt, in welchem Zimmer sich die Schwester aufhält, und die Anwesenheitsleuchte (`AWL = 1`) im Anwesenheitstaster `AWT` des Zimmers
- wird das Signal für den externen Alarm zurückgenommen (`EXTAL = 0`).

Der Ausgang werde gleichzeitig hochohmig (Vereinfachung, die erforderliche Logik braucht nicht entwickelt zu werden).

- Damit lösen alle extern ausgelösten Alarme im Zimmer einen Tonruf aus.

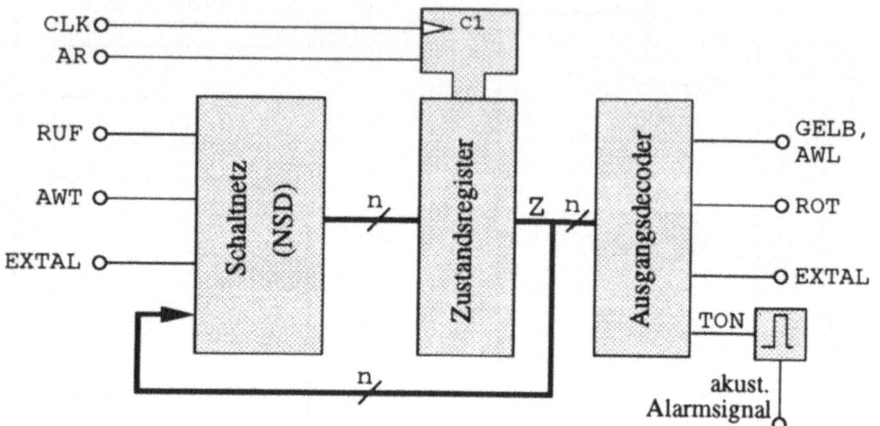

Bild 4.12 Zustandsmaschine Schwesternruf; AWL: Anwesenheitslampe im Anwesenheitstaster AWT des Zimmers; EXTAL: Signalleitung externer Alarm; GELB: Anwesenheitslampe auf dem Flur; ROT: Alarmlampe auf dem Flur; RUF: Ruftaster; TON: Ansteuersignal des Monoflops für den akustischen Signalgeber; Schalter und Taster sind entprellt

Da alle Taster beliebig lange gedrückt werden können, sollten Sie Haltefunktionen berücksichtigen. Beim Verlassen des Patientenzimmers wird die Schwester durch die brennende Anwesenheitsleuchte daran erinnert, daß die Rufumleitung aufgehoben werden muß. Sie drückt den Anwesenheitstaster, und das Schaltwerk kehrt in den Ruhezustand zurück.

Die Rufumleitung erfolgt auch, ohne daß zuvor ein Alarm gegeben wurde; die Schwester betätigt den Anwesenheitstaster immer, sobald sie das Zimmer betritt.

Entwickeln Sie das Schaltwerk (Zustandsdefinitionen, -diagramm, -codierung und die Übergangstabelle)!

4.7 Straßenbahntür

Jede Tür einer Straßenbahn wird mit einem Schaltwerk gemäß Bild 4.13 gesteuert. Ereignisverlauf:

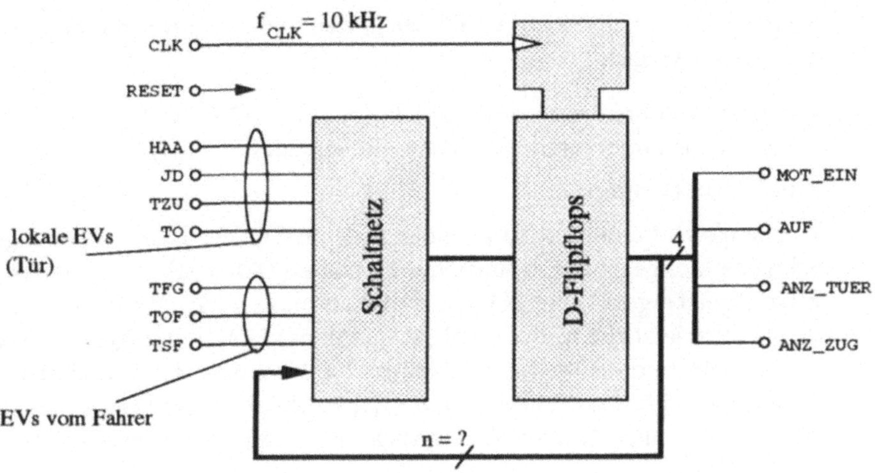

Bild 4.13 Schaltwerk zur Steuerung einer Straßenbahntür; EV: Eingangsvariable; die übrigen Signale sind im Text erläutert

1. Der Fahrgast fordert während der Fahrt das Öffnen der Tür mit einem Druckknopf an, der ein Impulssignal `HAA` = 1 (**H**alten oder **A**ussteigen **A**nfordern) erzeugt. Das Schaltwerk generiert ein Signal `ANZ_ZUG` = 1 (**ANZ**eige im **ZUG**), das an mehreren Stellen des Zuges die Anzeige **Zug hält** aufleuchten läßt. Die Signale zur Steuerung der Tür sind `MOT_EIN` (**MOT**or **EIN**schalten) und `AUF` (Richtungsbestimmung).

2. Der Fahrer gibt nach dem Anhalten die Tür mit dem Signal `TFG` = 1 (**T**ür **F**rei**G**egeben) frei, die sich daraufhin öffnet. Das Erreichen der Endposition wird mit `TO` = 1 (**T**ür **O**ffen) angezeigt.

3. Durch ein externes retriggerbares Monoflop wird ein Impulssignal `JD` = 1 (**J**emand **D**a) beim Öffnen der Tür und bei jeder Unterbrechung des Lichtstrahls einer Lichtschranke durch einen Fahrgast erzeugt bzw. verlängert. Seine Dauer ist mindestens so groß, daß der erste Fahrgast in Ruhe den Türbereich betreten und gemächliche Fahrgäste den Türbereich verlassen können, ohne durch die automatisch schließende Tür gefährdet zu werden.

4. Wird `JD` zurückgenommen (`JD` = 0), so schließt die Tür, und das System kehrt in den Ruhezustand zurück. Beim Schließen wird die Endposition durch ein Endschaltersignal `TZU` = 1 (**T**ür **ZU**) angezeigt.

5. Um zu verhindern, daß pfiffige Schulbuben das Schließen der Tür durch *zufällige* Dauerunterbrechung der Lichtschranke verhindern, kann der Fah-

rer mit dem Signal TSF = 1 (**T**ür **S**chließen durch **F**ahrer) das Schließen der Tür erzwingen.

6. Vor dem Anfahren wird TFG zurückgenommen (TFG = 0), damit kein Fahrgast die Tür während der Fahrt öffnen kann.

Zusatzfunktionen:

7. Wurde die Haltanforderung an einer anderen Tür der Bahn am dortigen Schaltwerk abgegeben, so führt die Freigabe (TFG = 1) zu der Anzeige **Zum Aussteigen bitte Knopf drücken** an der Tür (Signal ANZ_TUER = 1). Wird jetzt der Knopf gedrückt und damit HAA = 1 angelegt, so öffnet die Tür, und der weitere Ablauf erfolgt wie zuvor schon beschrieben. Andernfalls fällt das Schaltwerk nach der Rücknahme des Freigabesignals (TFG = 0) in den Ruhezustand zurück, ohne daß die Tür geöffnet war.
8. Bei begriffsstutzigen Fahrgästen kann der Fahrer das Öffnen der Tür durch ein Signal TOF = 1 (**T**ür **O**effnen durch **F**ahrer) erzwingen.

Weitere Funktionen einer realen Tür wie z. B. dauerhaftes Offenhalten an der Endstation u. ä. sollen vernachlässigt werden.

Aufgabenstellung

1. Um welchen Typ einer Zustandsmaschine handelt es sich in Bild 4.13?
2. Definieren Sie die unterscheidbaren Zustände und geben Sie die Ausgangssignale an! Da der Fahrer immer anwesend ist, können Reset- und Ruhezustand identisch sein. Denken Sie daran, daß es sich bei der Tür um ein träges mechanisches System handelt! Tip: Überlegen Sie, welche Punkte der Ablaufbeschreibung Zustände und welche nur Übergänge beschreiben!
3. Wieviele Flipflops werden insgesamt benötigt?
4. Zeichnen Sie das Zustandsdiagramm!
5. Wählen Sie eine Zustandscodierung! Entscheiden Sie sich für einen synchronen oder asynchronen Reset und begründen Sie Ihre Wahl!
6. Wie verhält sich Ihr System, wenn nach dem Schließen der Tür das Signal TFG = 1 noch anliegt?
7. Erstellen Sie die Übergangstabelle!

4.8 PKW-Alarmanlage

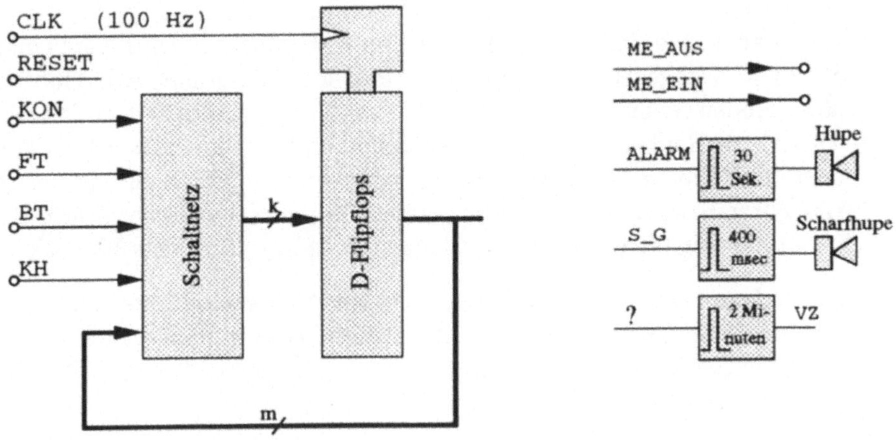

Bild 4.14 Schaltwerk einer PKW-Alarmanlage

Ein PKW wird durch eine Alarmanlage mit folgenden Besonderheiten geschützt:

1. Die Anlage wird durch einen Schlüsselschalter scharf gemacht.
2. Durch eine separate Hupe (*Scharfhupe*), die wesentlich leiser ist als die normale Hupe, wird kurzzeitig signalisiert, daß die Anlage scharf **wird**. Tatsächlich scharf wird sie aber erst nach Ablauf von etwa 2 Minuten, um eine Alarmauslösung zu vermeiden, wenn z. B. vergessen wurde, das Fenster zu schließen und durch das offene Fenster die Tür wieder geöffnet wird.
3. Die digitale Motorelektronik des Fahrzeugs wird durch einen Impuls abgeschaltet bzw. eingeschaltet.
4. Ein Alarm dauert gemäß den gesetzlichen Vorschriften nur ca. 30 Sekunden.

Im Einzelnen ergibt sich der folgende funktionale Ablauf (siehe Bild 4.14):

1. Sind alle Türen und Hauben geschlossen (**KON**taktsignal `KON` = `1`) und gibt einer der Schlüsselschalter ein Signal ab (Fahrertür: `FT` = `1`, Beifahrertür: `BT` = `1` oder Kofferraumhaube: `KH` = `1`), so wird die Anlage scharf geschaltet. Eine Zentralverriegelung verhindert, daß versehentlich eine Tür geöffnet wird. Das Signal `S_G` = `1` (**S**charf **G**emacht) steuert über ein externes Monoflop die o. a. *Scharfhupe* an; gleichzeitig wird das ebenfalls externe 2 Minuten-Verzögerungsmonoflop angesteuert.

2. Nach dem Eintreffen des Verzögerungssignals `VZ` = `0` wird für die Dauer einer Taktperiode das Signal `ME_AUS` = `1` (**M**otor**E**lektronik **AUS**) abgegeben.

3. Wird **jetzt** eine der Türen oder die Haube geöffnet, so wird das Signal `ALARM` = `1` abgegeben, das über ein Monoflop die normale Hupe für ca. 30 Sekunden ertönen läßt. Sie soll erneut ertönen, wenn nach dem Ton alle Türen bzw. Hauben wieder geschlossen sind und erneut eine beliebige Tür oder die Haube geöffnet wird. Bei entsprechendem Öffnen und Schließen von Türen bzw. Hauben kann sich dieser Vorgang (akustischer Alarm ein - aus) beliebig oft wiederholen, solange die Anlage nicht entschärft ist.

4. Die Anlage kann durch das Signal eines der Schlüsselschalter entschärft werden. Beim Übergang in den entschärften Zustand muß für die Dauer einer Taktperiode das Signal `ME_EIN` = `1` (**M**otor**E**lektronik **EIN**) abgegeben werden.

Hinweis: Nach Rückkehr in den entschärften Zustand muß nicht angezeigt werden, daß ggf. Alarm ausgelöst worden war; gehen Sie davon aus, daß der Autoknacker keine neue Scheibe spendiert hat!

Aufgabenstellung:

1. Verbinden Sie die Ausgangssignale in Bild 4.14 mit dem Schaltwerk! Welchen Typ einer Zustandsmaschine (Mealy, Moore Typ A, B oder C) haben Sie dann gewählt? Begründen Sie Ihre Wahl!

2. Wie sind die Tür- und Haubenschalter im Fahrzeug verdrahtet, um das gemeinsame Signal `KON` zu erzeugen?

3. Definieren Sie die unterscheidbaren Zustände, und geben Sie die Ausgangssignale an!

4. Wieviele Flipflops werden insgesamt benötigt?

5. Zeichnen Sie das Zustandsdiagramm!

6. Wählen Sie eine Zustandscodierung! Entscheiden Sie sich für einen synchronen oder asynchronen Reset, verbinden Sie das Signal `RESET` in Bild 4.14 und begründen Sie Ihre Wahl!

7. Wieviele Flipflopausgänge m werden bei Ihrer Lösung in das Schaltnetz zurückgeführt?

8. Unter welchen Vorausetzungen ist es dem potentiellen Autoknacker nicht möglich, den Motor nach einem kurzzeitigen Abklemmen der Batterie zu starten?

9. Entwickeln Sie die Übergangstabelle und die minimierten Übergangsgleichungen!

4.9 Schrankensteuerung

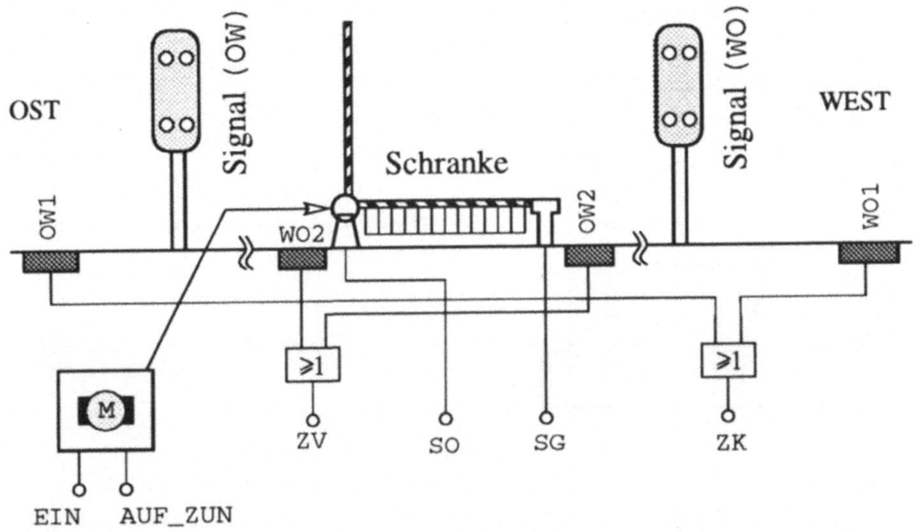

Bild 4.15 Schrankenanlage; die Signalbezeichnungen sind im Text erläutert

Für die Schranke einer zweigleisigen Strecke (Bild 4.15) mit hoher Zugfolgefrequenz soll ein elektronisches Steuerwerk (Bild 4.16) entworfen werden. Im Überwachungsbereich des Steuerwerks befindet sich in jeder Fahrtrichtung eine Signalanlage, so daß bis zu 4 Züge gleichzeitig auf der Strecke sein können. Die Zugmelder `WO1` (**W**est - **O**st 1) und `OW1` (**O**st - **W**est 1) befinden sich in einem - in Fahrtrichtung gesehen - entsprechend großen Abstand vor der Schranke. Unmittelbar hinter der Schranke sind Melder `OW2` und `WO2` angebracht, die ein Signal abgeben, wenn ein Zug die Anlage passiert hat.

Nach dem Einschalten soll die Schranke aus Sicherheitsgründen schließen, ohne daß eine Zugmeldung vorliegt. Um zu vermeiden, daß die Schranke bei freier Strecke geschlossen bleibt, soll sie durch ein Signal `FO` = 1 (**F**ern**O**effnung) geöffnet werden können.

Die Schranke wird durch die Antriebssignale `EIN` = 1 (Motor **EIN**schalten) und `AUF_ZUN` (= 1: öffnen, = 0: schließen) bewegt. Sie zeigt die Endstellungen durch `SO` = 1 (**S**chranke **O**ffen) bzw. `SG` = 1 (**S**chranke **G**eschlossen) an. Zur Vereinfachung werden folgende Annahmen gemacht:

- Die beiden Zugmeldesignale W01 und OW1 werden über eine ODER-Verknüpfung zu einem gemeinsamen ZK-Signal (**Z**ug **K**ommt) zusammengefaßt.
- Das Signal ZK habe genau die Dauer einer Periode des Taktsignals CLK.
- Die Steuerungen der Signalanlagen sind unabhängig von der Schranke und brauchen nicht berücksichtigt zu werden.

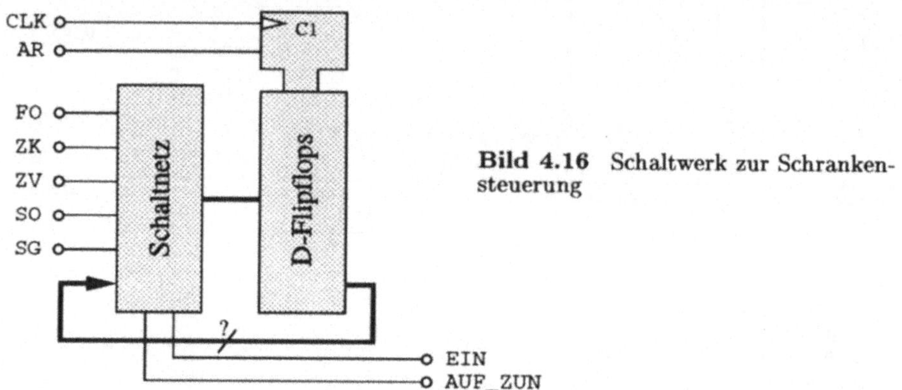

Bild 4.16 Schaltwerk zur Schrankensteuerung

Aufgabenstellung:

1. Geben Sie an, welche Zustände das Schaltwerk annehmen kann!
2. Entwickeln Sie das Zustandsdiagramm!
3. Wählen Sie eine Zustandscodierung!
4. Entwerfen Sie die Übergangstabelle!
5. Prüfen Sie das System auf Mängel in der Sicherheit!

4.10 Doppelimpulserzeugung

Es soll eine Zustandsmaschine entwickelt werden, die nach einem Triggerimpuls I (Bild 4.17) einen mit einem Rechtecksignal R synchronisierten Doppelimpuls DI generiert. Der Triggerimpuls kann zu einem nicht vorhersehbaren Zeitpunkt erfolgen (Bild 4.17 enthält zwei Beispiele). Hinweis: Die Impulsdauer τ von I sei etwas größer als eine Periode von CLK. **R und CLK seien nicht phasenstarr gekoppelt**!

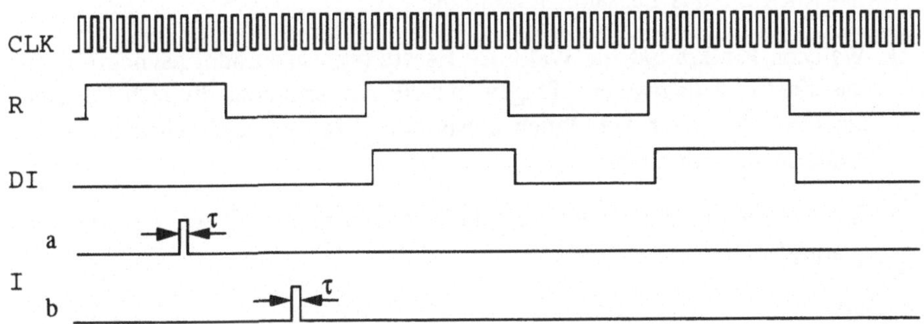

Bild 4.17 Signalverläufe; CLK: Taktsignal der Zustandsmaschine; R: Rechtecksignal; DI: gewünschtes Ausgangssignal; I: Eingangssignal (s. Text)

Aufgabenstellung:

1. Welchen Einfluß hat die Wahl des Maschinentyps (Mealy, Moore) auf die Dauer der **High**-Zustände von DI und die Lage von DI relativ zu R?
2. Definieren Sie die einzelnen Zustände, und geben Sie den logischen Pegel von DI an!
3. Schließen Sie die beiden Signale RESET und DI in Bild 4.18 an! Für welchen Maschinentyp und welchen Reset haben Sie sich damit entschieden? Begründen Sie Ihre Wahl!
4. Wieviele Flipflops benötigen Sie?
5. Wie groß sind m und n, und was bedeuten sie?
6. Wählen Sie eine Zustandscodierung!

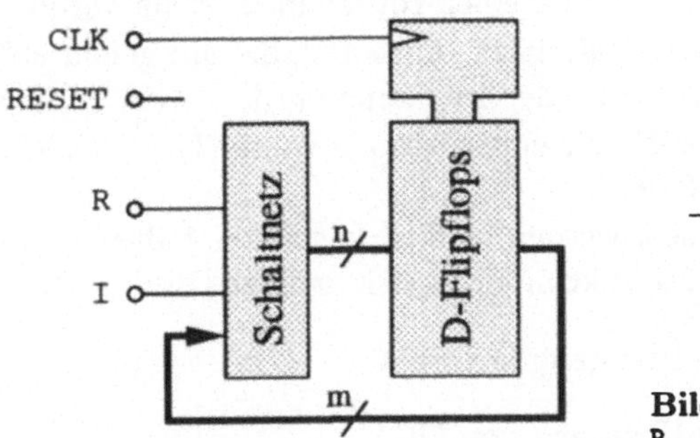

Bild 4.18 Zustandsmaschine; CLK, R, DI: wie zuvor; n, m: siehe Text

7. Zeichnen Sie das Zustandsdiagramm!
8. Welchen Einfluß hat die Wahl des Resets (synchron oder asynchron) auf das Zustandsdiagramm? Tragen Sie die Änderungen, die sich bei Realisierung des nicht von Ihnen gewählten Typs ergeben würden, in das Zustandsdiagramm ein!
9. Entwickeln Sie die Übergangstabelle aus dem gewählten Zustandsdiagramm!

4.11 Phasengeber

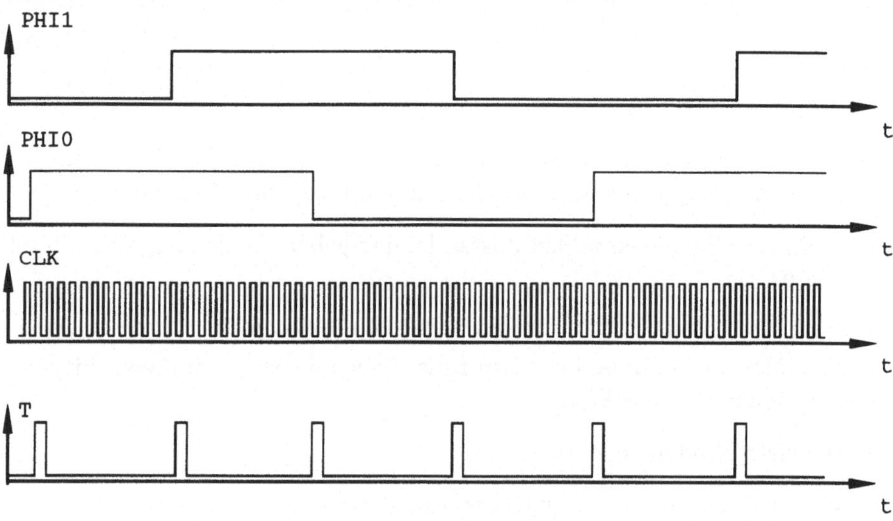

Bild 4.19 Signale des inkrementalen Phasengebers

Ein inkrementaler Phasengeber ist mit einer rotierenden Welle verbunden und erzeugt u. a. zwei Rechtecksignale PHI1 und PHI0, die um genau 90° gegeneinander verschoben sind. Sie dienen der Bestimmung der Drehrichtung und der Winkelgeschwindigkeit. Die Dauer einer Periode von PHI1 oder PHI0 entspricht der Zeit eines Wellenumlaufs.

Es soll eine Schaltung entwickelt werden, die in folgenden Fällen einen Impuls T der Dauer einer Periode des Taktimpulses CLK erzeugt (Bild 4.19):

1. PHI1 = 0, nach einem 0 → 1-Übergang von PHI0
2. PHI0 = 1, nach einem 0 → 1-Übergang von PHI1
3. PHI1 = 1, nach einem 1 → 0-Übergang von PHI0

4. PHI0 = 0, nach einem 1 → 0-Übergang von PHI1

T sei ein taktsynchrones Signal, das einen nicht gezeigten Zähler startet und stoppt, so daß die Zeit für eine Viertelumdrehung der Welle bestimmt werden kann. Entwickeln Sie die Schaltung, die T erzeugt, 1. durch Überlegung und 2. durch eine Zustandsmaschine. Zur Vereinfachung werde angenommen, daß PHI0 immer früher als PHI1 gesetzt werde (nur eine Drehrichtung). Das System darf nach einem Reset über mehrere Umdrehungen einschwingen. Geben Sie an, welche Zustände durchlaufen werden, wenn sich das physikalische System bei der Rücknahme des asynchronen Resetsignals nicht im Grundzustand befindet!

5 Mikroprozessor

5.1 Einführung und Beispiel

5.1.1 Assemblersyntax und Programmstruktur

Die Aufgaben dieses Kapitels sind mit dem im Lehrbuch [1] beschriebenen hypothetischen Mikroprozessor zu lösen. Interner Aufbau der MPU und Befehlssatz sind dort angegeben. Sie entsprechen weitgehend dem Prozessor MCS6502. Die Programme, die in den Aufgaben gegeben bzw. die zu entwickeln sind, müssen in einer Weise geschrieben werden, die einen Assembler in die Lage versetzt, daraus ausführbaren Code zu erzeugen. Er kann dies nur, wenn eine einheitliche Syntax (Bild 5.1) verwendet wird und der Quellcode alle Informationen enthält, die zur Programmerstellung erforderlich sind. Eine Zeile ist in bis zu 4 Felder unterteilt, die jeweils durch mindestens ein Leerzeichen (*Space*) getrennt sind. [..] bedeutet, daß die entsprechenden Angaben entfallen können (sog. optionale Angaben).

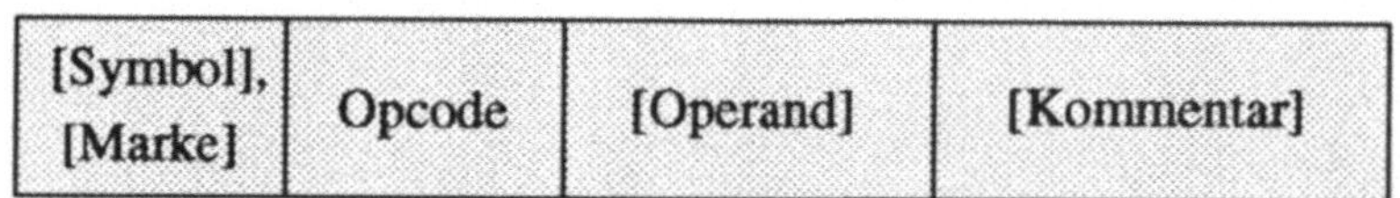

Bild 5.1 Syntax der Assemblerzeilen

Im ersten Feld kann entweder ein symbolischer Name für eine Variable oder eine symbolische Sprungadresse stehen. Steht der symbolische Name für eine Variable, so wird sie in dieser Zeile deklariert. Abhängig vom nachfolgenden Opcode (Operationscode) wird entweder eine Wert- oder eine Adreßzuweisung vorgenommen.

Bezeichnet die Angabe eine symbolische Sprungadresse, so wird damit angegeben, unter welcher Adresse der in dieser Zeile stehende Befehl im Assemblerprogramm symbolisch angesprochen werden kann, z. B. bei einer Verzweigung.

Im zweiten Feld steht der Opcode. Es sind in erster Linie die durch den Prozessor ausführbaren Befehle gemäß Tabelle 25.16 in [1]. In den übrigen Fällen handelt es sich um Pseudoinstruktionen (Pseudoopcodes), mit deren Hilfe dem Assembler zusätzliche Informationen übermittelt werden, die er benötigt, um das Programm in der gewünschten Weise zu erstellen. Beispiele sind Startadresse und Wertzuweisung.

Im dritten Feld steht bei vielen Befehlen der Operand. Bei Befehlen, die keinen Operanden benötigen, wie z. B. `RTS` oder `PHP`, bleibt dieses Feld leer.

Das letzte Feld ist für Kommentare vorgesehen. Sie können grundsätzlich entfallen, da der Assembler sie nicht benötigt. Da sie aber ein Programm erst lesbar machen, sollte auf keinen Fall auf sie verzichtet werden. Nicht jede Instruktion braucht kommentiert zu werden. **Kommentare sollten immer inhaltliche Zusammenhänge erläutern und keine andere Schreibweise des Befehls darstellen!**

Ein Programm wird in mehreren Schritten entwickelt (siehe Bild 5.2). Zunächst wird mit Hilfe eines normalen Texteditors das Quellprogramm erstellt und als Quelldatei gespeichert. Auf dem Rechner gibt es außer dem Editor noch das Programm Assembler, das aus der Quelldatei die Datei mit ausführbarem Code (Objektcode) erstellt. In ganz einfachen Systemen ohne Hintergrundspeicher schreiben der Editor die Quelldatei und der Assembler den Maschinencode direkt in den Arbeitsspeicher. Wurde eine Datei mit Objektcode erzeugt, so muß dieser in einem weiteren Schritt in den Arbeitsspeicher übertragen werden, bevor das Programm gestartet werden kann. In jedem Fall muß der Programmzähler des Mikroprozessors auf die Startadresse gesetzt werden, damit mit der Programmausführung begonnen werden kann.

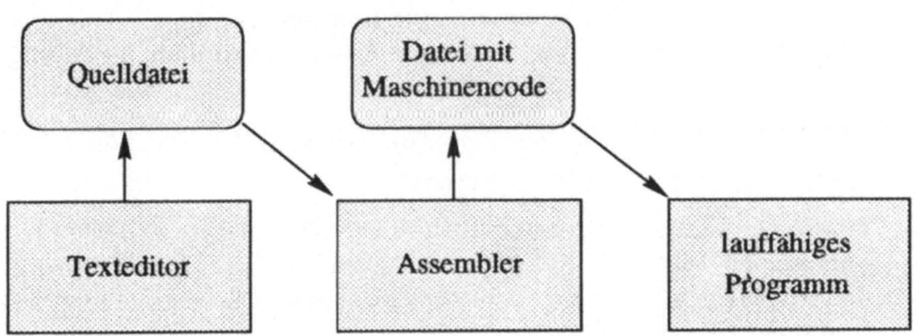

Bild 5.2 Programmerstellung mit Editor und Assembler

Verwendete Pseudoinstruktionen

Wir wollen folgende Pseudoinstruktionen definieren, mit deren Hilfe der Assembler das Maschinenprogramm nach unseren Wünschen gestalten kann:

`ORG` **Setzen der Startadresse.** `ORG $7000` setzt die Startadresse auf den Wert `$7000`. Der Assembler geht davon aus, daß das Programm zur Laufzeit an dieser Adresse startet und führt seine Adreßberechnungen entsprechend aus. Er führt einen internen Adreßzähler, der durch die ORG-Anweisung gesetzt wird. Nach Bearbeitung eines Befehls wird er, wie später zur Laufzeit des Programms der Programmzähler, um die Anzahl der benötigten Bytes inkrementiert. Die ORG-Anweisung kann mehrfach in einem Programm erscheinen, siehe hierzu die Beispiele!

EQU **Wertzuweisung**. Die Programmzeile

```
FRITZ   EQU  $4502
```

weist dem Symbol FRITZ den Wert $4502 zu. Eine solche Zeile veranlaßt den Assembler, FRITZ in die Symboltabelle (s. folgende Seiten) aufzunehmen und dort den Wert $4502 einzutragen. Jedesmal, wenn der Assembler bei der weiteren Bearbeitung des Quellprogramms auf FRITZ stößt, setzt er dafür den Wert $4502 ein.

DC.B **Definiere Bytekonstante(n)**. Die Programmzeile

```
CRLF    DC.B $0D,10
```

weist den Assembler an, an der Speicherstelle, die der symbolischen Adresse CRLF entspricht, den Wert $0D und an der darauffolgenden Stelle den Wert $0A in den Programmcode einzutragen [1]. Die Zeile

```
AUS_TXT DC.B 'Gib den Wert von A ein:'
```

führt dazu, daß, beginnend mit der Adresse von AUS_TXT, die den ASCII-Zeichen entsprechenden Hexadezimalwerte in den Objektcode eingetragen werden. Der interne Adreßzähler des Assemblers wird um die Anzahl der Bytes inkrementiert.

DC.W **Definiere Wort- bzw. Zweibytekonstante(n)**. Die Programmzeile

```
WORTE   DC.W $21,$4A30,12,%11001
```

führt unter Berücksichtigung der Reihenfolge LByte, Hbyte zu der Wertefolge $21 $00 $30 $4A $0C $00 $19 $00 im Speicher. LByte (*low byte*) und HByte (*high byte*) sind das niederwertige bzw. höherwertige Byte der Konstanten. Die Programmzeile

```
SYM_AD  DC.W SYM
```

bewirkt, daß die Adresse des an anderer Stelle definierten Symbols bzw. der an anderer Stelle definierten Sprungmarke SYM an der aktuellen Adresse im Speicher steht.

---

[1] In Wirklichkeit stehen natürlich Binärzeichen im Objektcode, die man der kürzeren Schreibweise wegen allgemein durch ihre Hexadezimalwerte ausdrückt. Man muß sich bewußt machen, daß im Arbeitsspeicher natürlich keine Hexadezimalzeichen stehen können.

Die Adresse wird in der Reihenfolge LByte, HByte angegeben und kann unter der symbolischen Bezeichnung `SYM_AD` angesprochen werden. Der interne Adreßzähler des Assemblers wird um die Anzahl der Bytes inkrementiert.

`DS.B`, `DS.W` **Reserviere ein bzw. zwei Bytes**. Die Programmzeilen

```
BYTES   DS.B 12
WORTE   DS.W 4
```

reservieren 12 bzw. 8 Bytes. Der interne Adreßzähler des Assemblers wird um diese Werte erhöht.

`*` **Aktueller Programmzählerstand**. Der internen Adreßzähler des Assemblers kann zu Adreßberechnungen verwendet werden. Die Programmzeile

```
RESULT  EQU  *+$23   Ergebnisspeicherplatz
```

führt dazu, daß `RESULT` in die Symboltabelle aufgenommen wird und den Wert des momentanen Zählerstandes + $23 erhält. Sie zeigt, daß der Assembler auch Rechnungen durchführen kann. Arithmetische Operationen, die der Assembler bereits erledigen kann, sollte man nicht als Programmcode durch ausführbare Befehle realisieren. Im Rahmen dieses Buches beschränken wir die Möglichkeiten des Assemblers auf Additionen und Subtraktionen.

`END` **Endanweisung**. Sie signalisiert dem Assembler, daß er das Ende der Quelldatei erreicht hat.

Dic Pseudoinstruktionen können für verschiedene Assembler stark variieren. Kommerzielle Assembler kennen i. a. noch mehr Pseudoinstruktionen, deren Anwendung jedoch über den Rahmen dieses Buches hinausführt.

Struktur eines Assemblerprogramms

Bild 5.3 zeigt den Aufbau eines Assemblerprogramms. Der Deklarationsteil beginnt in allen hier betrachteten Fällen mit einer `ORG`-Anweisung, mit der die Startadresse zur Laufzeit festgelegt wird. Wert- bzw. Adreßzuweisungen durch `EQU`-Pseudoinstruktionen werden ebenfalls hier plaziert, obwohl sie im Prinzip auch am Ende stehen können (siehe z. B. die Aufgaben zur Ereigniserfassung).

Im Programmbereich stehen die Mnemonics der Prozessorbefehle mit evtl. Operanden und ggf. Sprungmarken und Kommentare.

Konstanten und für Variable reservierte Speicherplätze werden im Datenbereich zusammengefaßt. Er kann unmittelbar an den Programmbereich anschließen oder durch eine zweite `ORG`-Anweisung in einen anderen Speicherbereich gelegt werden. Selbstverständlich dürfen sich beide nicht überschneiden.

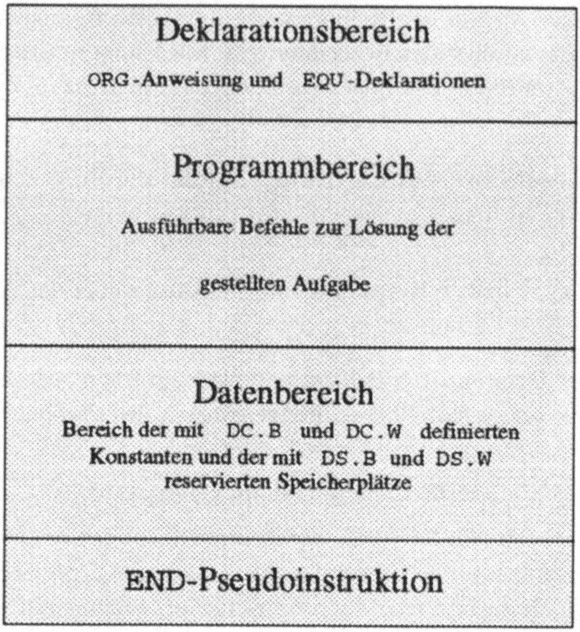

Deklarationsbereich ORG-Anweisung und EQU-Deklarationen
Programmbereich Ausführbare Befehle zur Lösung der gestellten Aufgabe
Datenbereich Bereich der mit DC.B und DC.W definierten Konstanten und der mit DS.B und DS.W reservierten Speicherplätze
END-Pseudoinstruktion

Bild 5.3 Struktur eines Assemblerprogramms; alternativ zur gezeigten Struktur kann der Datenbereich auch vor oder hinter den Deklarationen liegen und umgekehrt

Das Programm schließt immer ab mit der `END`-Pseudoinstruktion im letzten Bereich. Die Arbeitsweise eines Assemblers wird anhand des Additionsbeispiels auf Seite 66 ff. erläutert.

5.1.2 Arithmetische Operationen und Flags des MC6502

Addition

Es gelten folgende Regeln (bei anderen Mikroprozessoren werden die Flags u. U. anders gesetzt!):

1. Das Carryflag muß vor jeder `ADC`-Anweisung für die Addition der LSBytes (*least significant byte*, niederwertigstes Byte) gelöscht werden (`CLC`).

2. Bei vorzeichenlosen Operanden spielt das Overflowflag keine Rolle.

3. Bei vorzeichenlosen Operanden zeigt `C` = 1 nach der Addition der MS-Bytes einen Übertrag in die nächst höhere Dualstelle an.

4. Bei vorzeichenbehafteten Operanden spielt ein nach der Addition der MSBytes (*most significant byte*, höchstwertiges Byte) evtl. auftretendes `C = 1` keine Rolle.

5. Bei vorzeichenbehafteten Operanden spielt das Overflowflag nur nach der Addition der MSBytes eine Rolle. `V = 1` zeigt dann eine Bereichsüberschreitung an; sie kann nur auftreten, wenn beide Operanden positiv oder beide negativ sind.

Subtraktion

Es gelten folgende Regeln (bei anderen Mikroprozessoren werden die Flags u. U. anders gesetzt!):

1. Das Carryflag muß vor jeder `SBC`-Anweisung für die LSBytes gesetzt werden (`SEC`).

2. Bei vorzeichenlosen Operanden spielt das Overflowflag keine Rolle.

3. Bei vorzeichenlosen Operanden zeigt `C = 0` nach der Subtraktion der MSBytes ein negatives Ergebnis an.

4. Bei vorzeichenbehafteten Operanden spielt ein nach der Subtraktion der MSBytes evtl. auftretendes `C = 1` keine Rolle.

5. Bei vorzeichenbehafteten Operanden spielt das Overflowflag nur nach der Subtraktion der MSBytes eine Rolle. `V = 1` zeigt dann eine Bereichsüberschreitung an; sie kann nur auftreten, wenn beide Operanden verschiedenes Vorzeichen haben.

Vergleichsoperationen (CMP-Anweisungen)

Bei Vergleichsoperationen führt die MPU eine Subtraktion der beiden Operanden durch, wobei sie immer davon ausgeht, daß diese vorzeichenlos sind. Dies ist besonders zu beachten, wenn der Programmierer vorzeichenbehaftete Operanden miteinander vergleicht! Die Subtraktion verändert nicht die Inhalte des beteiligten Operandenregisters, sondern nur Carry-, Negativ- und Zeroflag des `PSR`s (C-, N-, Z-Flags des Prozessorstatusregisters). Folgende Vergleiche sind im Prozessor implementiert[2]:

```
CMP M: [A] – [M] ⟶ PSR: N, C, Z
CPX M: [X] – [M] ⟶ PSR: N, C, Z
CPY M: [Y] – [M] ⟶ PSR: N, C, Z
```

[2]Die eckigen Klammern `[..]` in Zusammenhang mit Prozessorregistern und symbolischen Operanden bedeuten: Inhalt von .., `[A]` also den Inhalt des Akkumulators, z. B. `$A9`

Bedingte Verzweigungen nach einer Compare-Instruktion können nach Tabelle 5.1 durchgeführt werden. Das Negativflag wird gesetzt, wenn die Differenz größer ist als 127.

Bedingung	Flags des PSR			nachfolgende
	N	C	Z	bedingte Verzweigung durch
[A], [X], [Y] < [M]	0 oder 1	0	0	BCC
[X], [X], [Y] = [M]	0	1	1	BEQ
[A], [X], [Y] > [M]	0 oder 1	1	0	BEQ, dann BCS

Tabelle 5.1 Bedingte Verzweigungen nach Compare-Instruktionen

5.1.3 Beispiel Addition – Aufgabenstellung

```
        ORG  $7000       Setzen Programmzähler

        Definition von Symbolen

SUMMAN  EQU  $0000       Summandadresse
RESULT  EQU  SUMMAN+01   Ergebnisadresse
WEITER  EQU  $7045       Folgeadresse

        Programm

ADDIT   LDA  #$8A        1. Summanden laden
        CLC
        ADC  SUMMAN      2. Summanden addieren
        STA  RESULT      Ergebnis speichern
        SEC              Prozessor hat kein Branch Always
        BCS  WEITER
END     EQU  *
```

Tabelle 5.2 Additionsbeispiel – Quellenprogramm

Der Programmauszug Tabelle 5.2 führt eine Byteaddition aus. Ein Summand ist unmittelbar gegeben (`$8A`), vom anderen Operanden ist die Adresse `$0000` gegebenen. Das Ergebnis wird unter der Adresse `$0001` gespeichert. Vor der Addition mit dem `ADC`-Befehl wird das Carryflag gelöscht. Da keine unbedingte Verzweigungsinstruktion mit relativer Zieladresse im Befehlssatz enthalten ist, wird die sichere Verzweigung durch `SEC`, `BCS` erzwungen (Alternative zum absoluten Sprung `JMP WEITER`). Die Verzweigungsadresse ist durch die `EQU`-Pseudoinstruktion gegeben.

1. Welche Adressierungsarten werden verwendet?
2. Erstellen Sie die Symboltabelle!
3. Übersetzen Sie das Assemblerprogramm anhand der Befehlsliste [1] in das Maschinenprogramm! Geben Sie dabei auch die Speicheradressen an, unter der die Maschinenbefehle stehen!
4. Das Programm läßt sich in einzelne Maschinenzyklen zerlegen. Bestimmen Sie die Anzahl der Maschinenzyklen und geben Sie für jeden Zyklus die Inhalte von Daten- und Adreßbus an! `[SUMMAN]` = **$44**.
5. Welche Speicher bzw. Register bestimmen in den einzelnen Maschinenzyklen die Inhalte von Daten- und Adreßbus?

5.1.4 Beispiel Addition – Lösung

1. **Adressierungsarten.** Aus der Tabelle im Lehrbuch werden die entsprechenden Angaben in Tabelle 5.3 übertragen. Gleichzeitig wird noch die Anzahl der Bytes, die der einzelne Befehl im Speicher belegt, für den folgenden Punkt der Aufgabenstellung übernommen.

Marke	OPC	OPD	Addressierungsart	# Bytes
ADDIT	LDA	#$8A	direkt	2
	CLC		impliziert	1
	ADC	SUMMAN	Zero Page	2
	STA	RESULT	Zero Page	2
	SEC		impliziert	1
	BCS	WEITER	relativ	2

Tabelle 5.3 Additionsbeispiel – Adressierungsarten und Befehlslängen; OPC - Opcode; OPD - Operand; # Bytes - Anzahl der Bytes des Befehls im Speicher

2. Die **Symboltabelle** ist ein wesentliches Element bei der Entwicklung des Objektcodes aus dem Quellcode. Es handelt sich um die Tabelle, die alle Symbole mit den zugehörigen Adressen oder Werten enthält.

   Da der Assembler nur die Quelldatei zur Verfügung hat, muß er hieraus die Tabelle entwickeln. Während für die mit der Pseudoinstruktion `EQU` definierten Symbole der Wert im Operandenfeld unmittelbar übernommen werden kann, müssen die Adressen von Sprungmarken und durch `DC.B`, `DC.W`, `DS.B` und `DS.W` definierten Konstanten und Variablen erst berechnet werden. Sie ändern sich mit dem Speicherplatzbedarf des davorliegenden Programmcodes. Aus diesem Grund werden die vom einzelnen Befehl benötigten Bytes in die Tabelle 5.3 übertragen.

Symbol	Adresse (hexad.)	Bemerkung
ADDIT	7000	Programmanfang
END	700A	Programmende
RESULT	0001	Ergebnis
SUMMAN	0000	externer Summand
WEITER	7045	Verzweigungsadresse

Tabelle 5.4 Additionsbeispiel – Symboltabelle, alphabetisch sortiert

Die Symboltabelle (Tabelle 5.4) kann man aus dem Quellenprogramm und der letzten Spalte von Tabelle 5.3 erstellen. Beispielsweise kann die Adresse von SUMMAN unmittelbar abgelesen und die von RESULT aus der Angabe im Operandenfeld berechnet werden. Der Wert für ADDIT ergibt sich aus der ORG-Anweisung. Den Pseudoinstruktionen entspricht kein ausführbarer Code, sie benötigen also auch keinen Speicherplatz. Die Adresse von END ergibt sich aus der Adresse von ADDIT und der Summe der von den Befehlen LDA, CLC, ADC, STA, SEC und BCS benötigten Bytes.

3. Das **Maschinenprogramm** wird aus den Opcodes, der Anzahl der Bytes der einzelnen Befehle (Tabelle 5.3) und der Symboltabelle entwickelt. Besonderer Erläuterung bedarf die Berechnung der Sprungdistanz des Branch-Befehls. Der Prozessor MCS6502 führt einen Befehlsvorgriff aus

Adresse (hex.)	Befehlscode (hex.)
7000	A98A
7002	18
7003	6500
7005	8501
7007	38
7008	B03B

Tabelle 5.5 Additionsbeispiel – Objektcode; alle Zahlenwerte sind Hexadezimalwerte

(*instruction prefetch*), d. h. wenn er ein Befehlsbyte verarbeitet, greift er über den Bus immer schon auf das folgende zu. In dem Augenblick, in dem er den Distanzwert addiert, holt er schon das Befehlsbyte an der Adresse

$700A, das nicht benötigt wird. Die Distanz zur Verzweigungsadresse wird relativ zu der Adresse berechnet, auf die der Programmzähler (PC) gerade zeigt, also zur Adresse $700A. Damit ergibt sich für den Distanzwert $7045 - $700A = $3B, der in Tabelle 5.5 angegebene Wert.

4. Die Anzahl der **Maschinenzyklen** (der Taktzyklen des Prozessors) entnehmen wir der Befehlstabelle in [1]. Interessant für das Verständnis ist der Ablauf auf dem Bus des Mikroprozessorsystems. Tabelle 5.6 enthält Angaben, die mit Hilfe eines Logikanalysators bei Ausführung des Programms gemessen worden sind. Diese Angaben sind als Ergänzung zum Lehrbuch gedacht!

Befehl Zyklus	LDA #$8A 1	 2	CLC 1	 2	ADC SUMMAN 1	 2	 3	STA 1
Tätigkeit	Befehl holen	Befehl ausf.	Befehl holen	Befehl ausf.	Befehl holen	Adresse LB holen	Befehl ausf.	Befehl holen
Adreßbus Datenbus	7000 A9	7001 8A	7002 18	7003* 65*	7003 65	7004 00	0000 44	7005 85
Zyklen (gesamt)	1	2	3	4	5	6	7	8

Befehl Zyklus	RESULT 2	 3	SEC 1	 2	BCS WEITER 1	 2	 3	? 1
Tätigkeit	Adresse LB holen	Befehl ausf.	Befehl holen	Befehl ausf.	Befehl holen	Distanz holen	Adresse berechn.	Befehl holen
Adreßbus Datenbus	7006 01	0001 CE	7007 38	7008* B0*	7008 B0	7009 3B	700A* ?*	7045 ?
Zyklen (gesamt)	9	10	11	12	13	14	15	16

Tabelle 5.6 Additionsbeispiel – Maschinenzyklen; die Zahlenwerte von Adreß- und Datenbus sind Hexadezimalwerte; * Prefetchzyklen für Befehlsworte, die nicht benötigt werden; ? - nicht bekannt

Die Ausführung der ADC-Instruktion beginnt in Zyklus 3 mit dem Holen des externen Operanden ($44), die Addition wird aber erst beim Lesezugriff auf das erste Befehlswort von STA RESULT+01 durchgeführt. An diesem Beispiel kann man erkennen, daß durch den Befehlsvorgriff ein Taktzyklus eingespart wird. Befehl und Opcode an der Marke WEITER sind nicht gegeben (letzte Spalte unten).

5. Tabelle 5.7 zeigt die Prozessorregister und Speicherzellen, die bei den einzelnen Maschinenzyklen die Inhalte von Adreß- und Datenbus bestimmen.

Zyklus Nr.	Adreßbus	Datenbus (hex.)
1	PC	Speicherzelle 7000
2	PC	Speicherzelle 7001
3	PC	Speicherzelle 7002
4,5	PC	Speicherzelle 7003
6	PC	Speicherzelle 7004
7	Adreßregister	Speicherzelle 0000
8	PC	Speicherzelle 7005
9	PC	Speicherzelle 7006
10	Adreßregister	Akkumulator
11	PC	Speicherzelle 7007
12,13	PC	Speicherzelle 7008
14	PC	Speicherzelle 7009
15	PC	Speicherzelle 700A
16	PC	Speicherzelle 7045

Tabelle 5.7 Additionsbeispiel – Register und Speicherzellen, die die Inhalte von Daten- und Adreßbus in den einzelnen Maschinenzyklen bestimmen; PC Programmzähler; Adreßregister, siehe [1]

5.2 MPU-Analyse

Die Aufgabe ist anhand des Blockschaltbildes des hypothetischen Mikroprozessors im Lehrbuch [1] zu lösen.

1. Welche Aufgabe hat der Datenbus?

2. Welche Register können vom Datenbus Daten übernehmen bzw. ihren Inhalt auf den Datenbus geben? Mit welchen Befehlen wird dies erreicht?

3. Welche Register und Speicherzellen können arithmetische und logische Operationen ausführen? Welche Operationen sind das, und mit welchen Befehlen werden sie ausgeführt?

4. Welche Aufgabe hat der Adreßbus? Mit welchen Registern kann er beeinflußt werden?

5.3 Programmierung

5.3.1 Programmanalyse – Beispiel 1

Analysieren Sie das Programm in Tabelle 5.8!

```
MEMA    EQU  $0030      ................
MEMB    EQU  $0040      ................
XREG    EQU  $0050      ................

START   STX  XREG
        LDX  #0
        LDA  MEMA,X
        STA  MEMB,X
        INX
        LDA  MEMA,X
        STA  MEMB,X
        INX
        LDA  MEMA,X
        STA  MEMB,X
        INX
        LDA  MEMA,X
        STA  MEMB,X
        INX
        LDA  MEMA,X
        STA  MEMB,X
        LDX  XREG
ENDE    RTS
```

Tabelle 5.8 Programmanalyse – Beispiel 1, Liste

1. Welche Operation wird ausgeführt? Ergänzen Sie durch sinnvolle Kommentare!
2. Welche Adressierungsarten werden verwendet?
3. Ändern Sie das Programm ab, so daß zur Adressierung der Speicherzellen die absolute Adressierung verwendet wird! Geben Sie auch die Symboltabelle an (Programmzählerstand bei `START: $4711`)!
4. Vereinfachen Sie das Programm und zeichnen Sie das dazugehörige Flußdiagramm!

5. Übersetzen Sie das vereinfachte Programm in die Maschinensprache (START = $5000)!

5.3.2 Programmanalyse – Beispiel 2

Gegeben ist das Assemblerunterprogramm in Tabelle 5.9:

```
TABAD   EQU  $0040
ERGEB   EQU  TABAD+02
XREG    EQU  TABAD+04
YREG    EQU  TABAD+05
ANFG    STX  XREG
        STY  YREG
        LDX  #$20
        LDA  #0
        STA  ERGEB
        STA  ERGEB+01
        TAY
        CLD
LOOP    CLC
        LDA  (TABAD),Y
        ADC  ERGEB
        STA  ERGEB
        INY
        LDA  (TABAD),Y
        ADC  ERGEB+01
        STA  ERGEB+01
        BVS  WEITER
        INY
        DEX
        BNE  LOOP
        LDY  #5
LOOPI   LSR  ERGEB+01
        ROR  ERGEB
        DEY
        BNE  LOOPI
WEITER  LDX  XREG
        LDY  YREG
        RTS
```

Hinweis:
In einem normalen Programm sollten die Namen der Sprungmarken etwas aussagekräftiger sein!

Tabelle 5.9 Programmanalyse – Beispiel 2, Liste

1) Welche Aufgabe hat das Unterprogramm (UP)?

2) Wie sind die Daten angeordnet?

3) Welche Fehler kann es erzeugen?

4) Zeichnen Sie ein detailliertes Flußdiagramm!

5) Ergänzen Sie das UP durch sinnvolle Kommentare!

6) Das UP enthält einen grundsätzlichen Fehler: In welchen Fällen werden falsche Ergebnisse berechnet, und wie kann man dies vermeiden?

5.3.3 Fehlererkennung

Die Startadresse eines Datenblocks `DAT` aus `M` Bytes (`M` < 255) ist für indirekten Zugriff in `DATADR`, `DATADR+01` gespeichert. Jedes Byte hat 7 Datenbits `D[6..0]` und ein Prüfbit (Paritätsbit) `P` an der Bitposition 7.

`P D6 D5 D4 D3 D2 D1 D0`

Für das Prüfbit gilt:

`P` = 1, wenn das Gewicht der Datenbits gerade, und
`P` = 0, wenn das Gewicht der Datenbits ungerade ist.

Es ist ein Unterprogramm zu schreiben, das die `M` Bytes des Datenblocks auf Richtigkeit überprüft. Treten fehlerhafte Bytes auf, dann sind in einer zweiten Tabelle deren Positionen im Datenblock (Elementenummer) anzugeben. Die Adresse der Fehlertabelle steht in `ERRO` und `ERRO+01`. Tritt kein Fehler auf, ist unter der dort angegebenen Adresse (hier steht das 1. Element der Fehlertabelle) `$FF` abzuspeichern. In der Zero-Page sind symbolische Adressen gemäß folgender Aufstellung definiert:

Symbol	Adresse	Bedeutung
DATADR	$0040	Datenblockdresse DATADR LB (HB steht auf $0041)
M	$0042	Anzahl der Elemente
ERRO	$0043	Adresse Fehlertabelle LB (HB steht auf $0044)

Schreiben Sie zuerst das Unterprogramm `PBYTE`, das ein Byte auf Richtigkeit überprüft, und anschließend das Unterprogramm zur Überprüfung des gesamten Datenblocks!

1. Skizzieren Sie das detaillierte Flußdiagramm für `PBYTE`! Geben Sie auch an, welche Parameter das UP benötigt, wo diese stehen und welche Parameter an das aufrufende Programm zurückgegeben werden!

2. Schreiben Sie das Assemblerprogramm (Quellcode) für `PBYTE`!

3. Skizzieren Sie das detaillierte Flußdiagramm für das übergeordnete Unterprogramm `PBLOCK`, das den gesamten Datenblock überprüft, und entwickeln Sie den Assemblercode!

4. Geben Sie die Inhalte von Stapelzeiger und Stapel während des Laufs des UP an! Zu Beginn sei [SP] = $FF.

5.4 Ein- und Ausgabe

5.4.1 Brauchwassererwärmung mit Sonnenkollektor

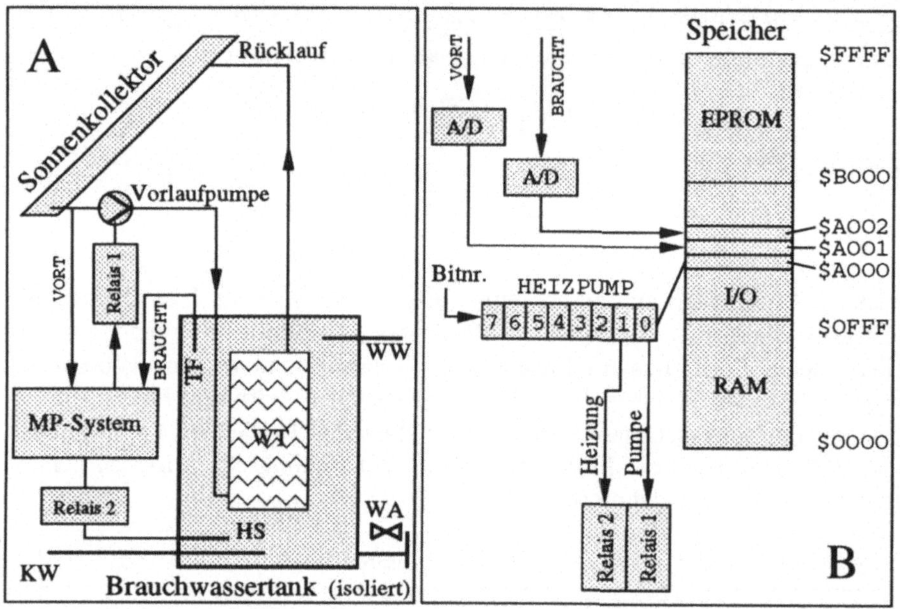

Bild 5.4 Brauchwassererwärmung mit Sonnenkollektor - A: System; B: Speicherauszug des Mikroprozessorsystems; HS: Heizstab; KW: Kaltwasser; TF: Temperaturfühler; WA: Wasserablaß; WT: Wärmetauscher; WW: Warmwasser

Ein Brauchwassertank kann entweder elektrisch oder durch einen Sonnenkollektor erwärmt werden. Der Sonnenkollektor erwärmt eine Flüssigkeit, die über eine Pumpe dem Wärmetauscher WT im Brauchwassertank zugeführt wird (Bild 5.4A). Ist die Vorlauftemperatur VORT um mindestens 5 °C höher als die Brauchwassertemperatur BRAUCHT, dann schaltet die Pumpe über ein Relais ein und bei Unterschreitung dieser Differenz wieder aus. Sinkt die Brauchwassertemperatur unter 36 °C, werde die Pumpe auf jeden Fall aus- und die Heizung eingeschaltet, bis 40 °C erreicht sind.

Zur Vereinfachung werde die Aufgabe nicht mit einem programmierbaren Ein-/Ausgabebaustein gelöst; die Kommunikation des Mikroprozessors erfolge über die in Bild 5.4B definierten Speicherplätze. Vorlauf- und Brauchwassertemperatur werden über zwei Analog/Digitalwandler erfaßt (8421-BCD-Code) und über die Speicherplätze `VORT` (`$A001`) und `BRAUCHT` (`$A002`) eingelesen. Der Temperaturbereich betrage 0 ... 63 °C, so daß 6 bit zur Übertragung ausreichen; die Bits 7 und 6 sind mit log. 0 verbunden. Die Relais der Vorlaufpumpe und der Heizung schalten durch eine log. 1 an den Bits 0 bzw. 1 von `HEIZPUMP` (`$A000`) den Strom ein und durch eine log. 0 wieder aus. Entwerfen Sie ein detailliertes, aussagefähiges Flußdiagramm, und schreiben Sie das Assemblerprogramm!

5.4.2 Wecker

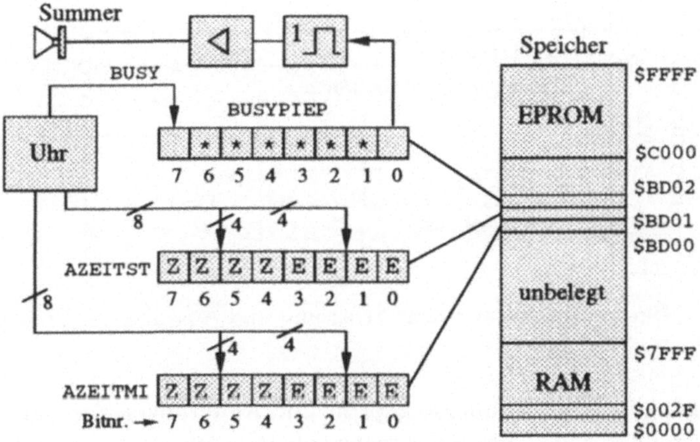

Bild 5.5 Mikroprozessorgesteuerter Wecker; E: Einer; Z: Zehner; *: unbenutztes Bit; übrige Bezeichnungen s. Text

Aus einem Uhrenbaustein mit BCD-Ausgängen für Stunden (24 h) und Minuten ist durch Anschluß an ein Mikroprozessorsystem ein Wecker gebaut worden (Bild 5.5). Der Baustein gibt während des Ziffernwechsels ein `BUSY`-Signal (= 1) ab, um das Fehleinlesen von Daten zu vermeiden. Die gewünschte Weckzeit werde mit Interruptroutinen im **NBC-Code** an die symbolischen Adressen `WZEITST` (Stunden) und `WZEITMI` (Minuten) geschrieben. Die Routinen sind nicht Teil der Aufgabe und brauchen nicht berücksichtigt zu werden.

BUSY wird über Bit 7 der symbolischen Adresse BUSYPIEP eingelesen; eine 1 an Bit 0 dieser Adresse läßt den Summer über ein Monoflop ertönen, so daß die 1 sofort wieder zurückgenommen werden kann.

Entwerfen Sie ein detailliertes, aussagefähiges Flußdiagramm zur Lösung dieser Aufgabe, und schreiben Sie das Assemblerprogramm! Gehen Sie davon aus, daß der Resetvektor auf Ihr Programm zeigt, das in einer Endlosschleife bis zum Abschalten aktiv bleiben möge.

5.4.3 Ereigniserfassung – parallele und serielle Schnittstelle

Gegeben ist ein Mikroprozessorsystem mit 6 parallel zu überwachenden Ereigniseingängen (X[5..0]), einer seriellen Datenübertragung und einem Druckeranschluß (Bild 5.6).

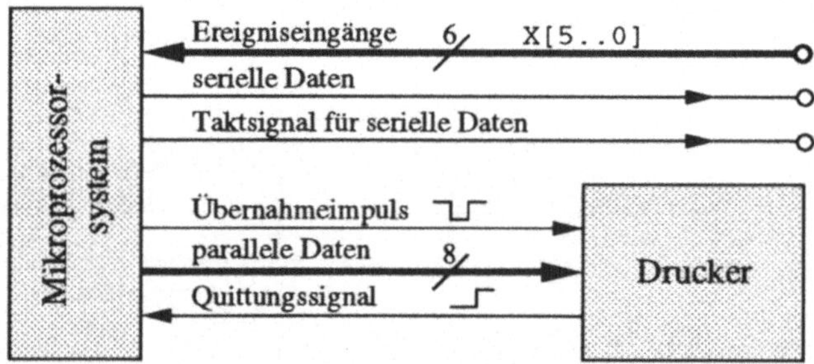

Bild 5.6 Mikroprozessorsystem zur Erfassung und Ausgabe von Ereignissen

Die Eingänge sollen fortlaufend geprüft und Änderungen des logischen Zustands festgestellt werden. Die Änderungen sollen in der Form **Ereignis Nr. x ist aufgetreten** bzw. **Ereignis Nr. x ist weggefallen** über eine Leitung an eine entfernte Station seriell übertragen **und** parallel an einen Drucker ausgegeben werden. Alle Verbindungen mit der Außenwelt sollen über den Schnittstellenbaustein VIA 6522[1] erfolgen. Da einerseits mehrere Änderungen gleichzeitig erfolgen können, andererseits aber die Meldungen nur für jeweils ein Ereignis gelten, ist besonders darauf zu achten, daß alle Änderungen gemeldet werden.

Der Takt der seriellen Übertragung betrage 125 kHz; ein Rechtecksignal dieser Frequenz werde durch den Schnittstellenbaustein erzeugt und dem Empfänger übermittelt. Das Anliegen eines gültigen Datenbytes werde dem Drucker durch einen Impuls mitgeteilt, der Drucker gebe die Rückmeldung als 0 → 1-Übergang. Hinweise: Durch das Muster 101 an den Bitpositionen 4 bis 2 des Hilfssteuerregisters ACR wird bestimmt, daß das Schieberegister im VIA-Baustein mit dem Timer T2 gesteuert wird. Eine Periode des Schiebetaktes umfaßt 2*(N+2) Perioden des Systemtaktes CP2 (1 MHz). N ist der in [T2CH, T2CL] gespeicherte Wert.

1. Geben Sie die Anschlußbelegung der VIA 6522 an, und zeichnen Sie diese! Der Adreßbereich $C000 bis $C0FF sei verfügbar.

2. Legen Sie die Betriebsarten/Funktionen für die einzelnen E/A-Leitungen fest, und definieren Sie die Anfangswerte der Register wie sie in der Initialisierungsroutine zu setzen sind!

3. Skizzieren Sie ein grobes Flußdiagramm!

4. Schreiben Sie die Initialisierungsroutine! Was müssen Sie beachten, wenn das Ereigniserfassungsprogramm nach dem Einschalten automatisch bearbeitet werden soll?

5. Entwerfen Sie die Abfrageroutine, in der feststellt wird, ob und ggf. welches Ereignis sich geändert hat (bzw. welche Ereignisse sich geändert haben). Zeichnen Sie ein detailliertes Flußdiagramm!

6. Schreiben Sie das Assemblerunterprogramm für die Drucker- und die serielle Ausgabe!

5.5 Interruptgesteuerte Ereigniserfassung

Das vorangehende Beispiel werde so modifiziert, daß eine Änderung des logischen Zustandes der Ereignisleitungen im Prozessor einen Interrupt auslöst (Bild 5.7). Der Ereignisvektor X[5..0] werde einem Schaltwerk zugeführt, das ihn mit jedem Takt in die Ausgangsregister Y[5..0] übernimmt. Durch einen bitweise durchgeführten Vergleich zwischen Eingang X und Ausgang Y wird festgestellt, ob zwischen zwei aufeinanderfolgenden aktiven Taktflanken eine oder mehrere Ereignisänderungen aufgetreten sind. Der Ausgang Z wird immer dann gesetzt, wenn in der vorangegangenen Taktperiode eine solche Änderung eingetreten ist; das Signal wird zurückgenommen, wenn es im genannten Zeitraum keine Änderung eines beliebigen Eingangssignals gab.

Das Schaltwerk löst mit der positiven Flanke des Flipflopausgangs Z über den CB1-Eingang des E/A-Bausteins 6522 im Mikroprozessorsystem einen Interrupt aus. Es werde von einem Rechtecksignal der Frequenz 1 kHz getaktet, das am Ausgang PB7 bereitgestellt werden muß. Die Interruptserviceroutine lese den neuen Ereignisvektor Y[5..0] ein und setze ein Flag, das die Auswertung und Ausgabe auf den Drucker initiiert; die serielle Übertragung entfällt.

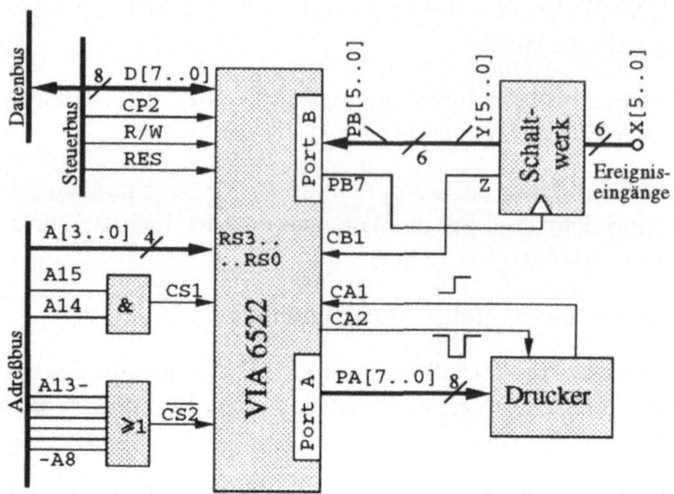

Bild 5.7 Beschaltung des Schnittstellenbausteins bei interruptgesteuerter Erfassung von Ereignisänderungen Anschlußbezeichnungen s.a. [1]

Vereinfachungen: 1. Die Ausgabe möge nicht interruptgesteuert ablaufen, so daß schon bekannte Programmteile weitgehend wiederverwendet werden können.
2. Es können mehrere Änderungen gleichzeitig auftreten, jedoch sollen weitere Änderungen erst möglich sein, wenn die Ausgabe abgeschlossen ist.
3. Aufeinanderfolgende Änderungserfassungen mögen um mindestens zwei aktive Taktflanken auseinanderliegen, so daß Z sicher zurückgenommen worden ist.

Aufgabenstellung:

1. Geben Sie die Boole'sche Gleichung des Z-Signals des Schaltwerks an!
2. Zeichnen Sie ein grobes Flußdiagramm der Abfrage des Flags!
3. Entwickeln Sie den Assemblercode der Interruptroutine, der Auswertung und der Ausgabe!

Lösungen

1 Zahlensysteme

1.1 Aufgabe 1

Die Lösung zu Aufgabe 1 wurde bereits in der Aufgabenstellung (Kap. 1) als Beispiel angegeben.

1.2 Aufgabe 2

1.1 Addition				1.2 Subtraktion			
	dual		dezimal		dual		dezimal
	0100 0101	(A)	69		0100 0101		69
+	0000 1100	(B)	12	−	0000 1100		− 12
+	0001 1011	(C)	27	−	0001 1011		− 27
+	0000 1110	(D)	14	−	0000 1110		− 14
	0001 0000	(ÜÜ)			0010 0000	(EE)	
	0011 0110	(Ü)			0110 1100	(E)	
+	0111 1010	(X)	122	+	0001 0000	(Y)	16

2.: Subtraktion durch Addition der Subtrahendenkomplemente

Komplementbildung				Addition	
				0100 0101	(A)
0000 1100	(B)	→	+	1111 0100	(B-ZK)
0001 1011	(C)	→	+	1110 0101	(C-ZK)
0000 1110	(D)	→	+	1111 0010	(D-ZK)
				11 1011 0110	(Ü)
				0001 0000	(Z)

Bei der Addition der Komplemente mit dem Minuenden brauchen Überträge über die Vorzeichenposition hinaus nicht berücksichtigt zu werden.

In den Lösungen 1.1 und 1.2 sind, wie im Musterbeispiel im Aufgabenteil, zwei Zeilen für Überträge zu sehen. Bei Lösung 2 wurde nur noch die niederwertigste Übertragsstelle eingetragen (entsprechend der unteren Ü-Zeile).

3.: Umwandlung in die Hexadezimal- und Oktaldarstellung

```
X = %01111010 = $7A = Q172
Y = Z = %10000 = $10 = Q20
```

4.: Umwandlung in die Dezimaldarstellung

A	=	%	1000101	=	69
B	=	%	1100	=	12
C	=	%	11011	=	27
D	=	%	1110	=	14
X	=	%	1111010	=	122
Y	=	%	10000	=	16
Z	=	%	10000	=	16

1.3 Aufgabe 3

1. : Konvertierung Dezimal nach Dual

0,4375 · 2 = 0,875	0,3125 · 2 = 0,625
0.875 · 2 = 1,75	0,625 · 2 = 1,25
0,75 · 2 = 1,5	0,25 · 2 = 0,5
0,5 · 2 = 1,0	0,5 · 2 = 1,0

Die Stellen vor dem Komma werden von oben nach unten abgelesen und liefern das Ergebnis der Konvertierung.

$$0{,}4375 = \%\,0{,}0111$$
$$0{,}3125 = \%\,0{,}0101$$

Addition:

```
   % 0,0111
 + % 0,0101
 ----------------
       1110  Übertrag
 ----------------
   % 0,1100
```

Rückumwandlung des Ergebnisses in das Dezimalsystem:

$$\%\,0{,}11 = 0\cdot 2^{0} + 1\cdot 2^{-1} + 1\cdot 2^{-2}$$
$$0 + 0{,}5 + 0{,}25 = 0{,}75$$

2. und 4.: Konvertierung, Arithmetik, Rückumwandlung
Bei Konvertierung einer Zahl mit gebrochenem Anteil wird der ganzzahlige Anteil wie bei Aufgabe 1 und der gebrochene Anteil wie bei Aufgabe 3.1 berechnet.

		Zweierkomplement
- 0,4375	= - % 0,0111	= % 11111111,1001
- 0,625	= - % 0,101	= % 11111111,0110
0,5	= % 0,10	

ganzzahliger Teil: 7,xx → 7 : 2 = 3 Rest 1
3 : 2 = 1 Rest 1
1 : 2 = 0 Rest 1

fraktioneller Teil: x,75 → $2 \cdot 0{,}75 = 1{,}5$
$2 \cdot 0{,}5 = 1{,}0$

7,75 = % 111,11

- % 0,0111 - % 0,101 + % 0,10 + % 111,11 = % 111,0011
Rückumwandlung % 111,0001 = 7,1875

3. : Umwandlung, Multiplikation, Rückumwandlung:

	$0{,}3125 \cdot 2 = 0{,}625$
$0{,}875 \cdot 2 = 1{,}75$	$0{,}625 \cdot 2 = 1{,}25$
$0{,}75 \cdot 2 = 1{,}5$	$0{,}25 \cdot 2 = 0{,}5$
$0{,}5 \cdot 2 = 1{,}0$	$0{,}5 \cdot 2 = 1{,}0$

Wie weiter oben beschrieben, erhalten wir:

0,875 = % 0,111
0,3125 = % 0,0101

```
0,111  ·  0,0101
-----------------
          111
          00111
-----------------
          11      Ü
-----------------
      0,0100011
-----------------
```

Rückumwandlung und Einbindung des Vorzeichens:

$$
\begin{array}{llll}
0 \cdot & 2^{-1} & (0,5) & = 0 \\
1 \cdot & 2^{-2} & (0,25) & = 0,25 \\
0 \cdot & 2^{-3} & (0,125) & = 0 \\
0 \cdot & 2^{-4} & (0,0625) & = 0 \\
0 \cdot & 2^{-5} & (0,03125) & = 0 \\
1 \cdot & 2^{-6} & (0,015625) & = 0,015625 \\
1 \cdot & 2^{-7} & (0,0078125) & = 0,0078125 \\
\hline
 & & & -0,2734375_{(10)}
\end{array}
$$

1.4 Aufgabe 4

Auf die Konvertierung verzichten wir an dieser Stelle; die Richtigkeit Ihrer Umwandlungsergebnisse ist bei den folgenden Rechenoperationen zu sehen.

1. Addition		2. mit Subtraktion	
dual	dezimal	dual	dezimal
		0,0111	0,4375
0,000111	0,109375	− 0,1001	− 0,5625
+ 0,10101	0,65625	+ 1,101	+ 1,625
+ 0,000000101	0,009765625	+ 0,00011	+ 0,09375
+ 0,110001101 (X)	0,775390625	+ 1,10011 (Y)	1,59375

3.: Multiplikation

```
 − 0,00111        · 0,10101
 ---------------------------
          111
            111
 ---------------------------
        11111                  (Ü)
 ---------------------------
  - 0,0010010011 = - 0,1435546875(10)
 ===========================
```

1.5 Aufgabe 5

1. : Umwandlung von Z1 in die Dualdarstellung.

$$\begin{array}{rcrl|c|} 377 : 2 &=& 177 & \text{Rest} & 1 \\ 177 : 2 &=& 77 & \text{Rest} & 1 \\ 77 : 2 &=& 37 & \text{Rest} & 1 \\ 37 : 2 &=& 17 & \text{Rest} & 1 \\ 17 : 2 &=& 7 & \text{Rest} & 1 \\ 7 : 2 &=& 3 & \text{Rest} & 1 \\ 3 : 2 &=& 1 & \text{Rest} & 1 \\ 1 : 2 &=& 0 & \text{Rest} & 1 \end{array}$$

Das Ergebnis wird durch Lesen der Rest-Spalte von **unten** nach **oben** erkennbar. Es lautet in Dualdarstellung %11111111.

Die Berechnung für Z2 ist im Oktalsystem (nicht im Dezimalsystem!) durchgeführt (hier mit einer, in der Praxis ungebräuchlichen, Methode, die voraussetzt, daß die Zweierpotenzen im Kopf abrufbar sind).

$$\begin{array}{rc|c|lr} 123 : 2^6 &=& 1 & \text{Rest} & 23 \\ 23 : 2^5 &=& 0 & \text{Rest} & 23 \\ 23 : 2^4 &=& 1 & \text{Rest} & 3 \\ 3 : 2^3 &=& 0 & \text{Rest} & 3 \\ 3 : 2^2 &=& 0 & \text{Rest} & 3 \\ 3 : 2^1 &=& 1 & \text{Rest} & 1 \\ 1 : 2^0 &=& 1 & \text{Rest} & 0 \end{array}$$

Das Ergebnis der Konvertierung kann in der markierten Spalte von **oben** nach **unten** (%1010011) abgelesen werden. Die Umwandlungen selbst werden nach den ausführlichen Vorbildern im ersten Kapitel des Aufgabenteils vollzogen und hier nicht noch einmal erläutert.

2. : Hexadezimal nach dual:

```
Z3 = $ 1BF62 = %      1 1011 1111 0110 0010
Z4 = $114530 = %1 0001 0100 0101 0011 0000
```

3. : Subtraktion Z6 - Z5:

Z6 − Z5 = %11110000 − %10101010 = %1000110

4. : Multiplikation von Z7 und Z8:

Z7 · Z8 = %10000000 · %11000 = %110000000000

5. : Konvertierung der Ergebnisse aus 3. und 4.:

$$Z6 - Z5 = 240_{(10)} - 170_{(10)} = 70_{(10)}$$
$$Z7 \cdot Z8 = 128_{(10)} \cdot 24_{(10)} = 3072_{(10)}$$

2 Boolesche Gleichungen, Karnaugh-Veitch-Diagramme

2.1 Schaltnetzanalyse

X3	X2	X1	X0	Y1	Y2	Y3	Y4	Y5	Y
0	0	0	0	0	0	1	1	0	0
0	0	0	1	0	1	1	0	0	0
0	0	1	0	0	0	1	1	0	0
0	0	1	1	0	0	1	1	0	0
0	1	0	0	0	0	1	1	0	0
0	1	0	1	0	0	1	1	0	0
0	1	1	0	0	0	1	1	0	0
0	1	1	1	0	0	1	1	0	0
1	0	0	0	1	0	1	0	0	0
1	0	0	1	1	1	0	0	1	1
1	0	1	0	0	0	1	0	0	0
1	0	1	1	0	0	0	0	1	0
1	1	0	0	0	0	1	0	0	0
1	1	0	1	0	0	0	0	1	0
1	1	1	0	0	0	1	0	0	0
1	1	1	1	0	0	0	0	1	0

Tabelle 2.1 Wahrheitstabelle zur Aufgabe Schaltnetzanalyse

Gleichung der Ausgangsvariablen: $Y = X3 \cdot \overline{X2} \cdot \overline{X1} \cdot X0$

2.2 Wahrheitstabelle, Analyse

1. Es handelt sich um eine konjunktive Normalform (KNF), Kennzeichen sind:

   - Bei der KNF sind alle zu innerhalb einer Klammer stehenden Variablen disjunktiv (durch '+' bzw. ODER) miteinander verknüpft, während die Klammern selbst konjunktiv (durch '·' bzw. UND) verbunden sind.

- Die KNF wird als zweistufiges ODER/UND-Schaltnetz realisiert.
- Negationen kommen nur bei den unabhängigen Variablen und nicht bei Teilfunktionen vor!

2. Auflösung der Funktion und Eintragung in die Wahrheitstabelle:

$$\mathtt{Y} = \underbrace{(\mathtt{X2} + \overline{\mathtt{X1}} + \overline{\mathtt{X0}})}_{\mathtt{Y1}} \cdot \underbrace{(\mathtt{X2} + \overline{\mathtt{X0}})}_{\mathtt{Y2}} \cdot \underbrace{(\overline{\mathtt{X1}} + \mathtt{X0})}_{\mathtt{Y3}}$$

Feld-Nr.	X2	X1	X0	Y1	Y2	Y3	Y
0	0	0	0	1	1	1	1
1	0	0	1	1	0	1	0
2	0	1	0	1	1	0	0
3	0	1	1	0	0	1	0
4	1	0	0	1	1	1	1
5	1	0	1	1	1	1	1
6	1	1	0	1	1	0	0
7	1	1	1	1	1	1	1

Tabelle 2.2 Wahrheitstabelle zur Aufgabe Schaltfunktion; Feld-Nr.: Dezimalwert der EVs bei Interpretation als Dualzahl

3. Die ADNF wird direkt aus der Wahrheitstabelle (Tabelle 2.2) abgelesen,

$$\mathtt{Y} = \overline{\mathtt{X2}} \cdot \overline{\mathtt{X1}} \cdot \overline{\mathtt{X0}} + \mathtt{X2} \cdot \overline{\mathtt{X1}} \cdot \overline{\mathtt{X0}} + \mathtt{X2} \cdot \overline{\mathtt{X1}} \cdot \mathtt{X0} + \mathtt{X2} \cdot \mathtt{X1} \cdot \mathtt{X0},$$

und vereinfacht zu:

$$\mathtt{Y} = \overline{\mathtt{X1}} \cdot \overline{\mathtt{X0}} + \mathtt{X2} \cdot \mathtt{X0}.$$

4. Schaltbild der vereinfachten Schaltfunktion, siehe Bild 2.1!

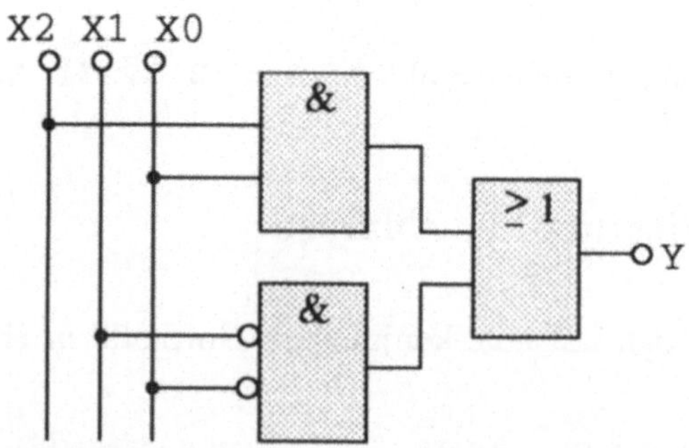

Bild 2.1 Schaltnetz der vereinfachten Schaltfunktion

2.3 Schaltnetzanalyse (A)KNF, (A)DNF

1. Minterme und Maxterme

- Ein Minterm ist die Konjunktion aller n Elementarfunktionen, jede normal oder komplementiert. Es gibt 2^n Minterme.
  - Die Realisierung eines Minterms besteht aus einem UND-Glied mit n Eingängen sowie bis zu n vorgeschalteten NICHT-Gliedern.
  - Minterme werden auch Vollkonjunktionen genannt.
- Ein Maxterm ist die Disjunktion aller n Elementarfunktionen, jede normal oder komplementiert. Es gibt 2^n Maxterme.
  - Die Realisierung eines Maxterms besteht aus einem ODER-Glied mit n Eingängen sowie bis zu n vorgeschalteten NICHT-Gliedern.
  - Maxterme werden auch Volldisjunktionen genannt.
- Die Maxtermfunktionen Max(x) sind die Komplemente zu den entsprechenden Mintermfunktionen Min(x) und umgekehrt.
- Minterm und Maxterm lassen sich durch das Theorem von de Morgan unmittelbar ineinander überführen.

X2	X1	X0	Y	Minterm	Maxterm
0	0	0	0	$\overline{X2}\,\overline{X1}\,\overline{X0}$	$X2 + X1 + X0$
0	0	1	1	$\overline{X2}\,\overline{X1}\,X0$	$X2 + X1 + \overline{X0}$
0	1	0	0	$\overline{X2}\,X1\,\overline{X0}$	$X2 + \overline{X1} + X0$
0	1	1	1	$\overline{X2}\,X1\,X0$	$X2 + \overline{X1} + \overline{X0}$
1	0	0	0	$X2\,\overline{X1}\,\overline{X0}$	$\overline{X2} + X1 + X0$
1	0	1	1	$X2\,\overline{X1}\,X0$	$\overline{X2} + X1 + \overline{X0}$
1	1	0	0	$X2\,X1\,\overline{X0}$	$\overline{X2} + \overline{X1} + X0$
1	1	1	0	$X2\,X1\,X0$	$\overline{X2} + \overline{X1} + \overline{X0}$

Tabelle 2.3 Wahrheitstabelle zur Aufgabe Schaltnetzanalyse (A)KNF, (A)DNF

2. Konjunktive Normalform (KNF), siehe auch Lösung 2.2!

3. $Y_{AKNF} = (X2+X1+X0)(X2+\overline{X1}+X0)(\overline{X2}+X1+X0)(\overline{X2}+\overline{X1}+X0)(\overline{X2}+\overline{X1}+\overline{X0})$
   $\overline{Y}_{AKNF} = (\overline{X2} + X1 + \overline{X0})(X2 + X1 + \overline{X0})(X2 + \overline{X1} + \overline{X0})$

4. $Y_{ADNF} = \overline{X2}\,\overline{X1}\,X0 + \overline{X2}\,X1\,X0 + X2\,\overline{X1}\,X0$
   $\overline{Y}_{ADNF} = \overline{X2}\,\overline{X1}\,\overline{X0} + \overline{X2}X1\overline{X0} + X2\overline{X1}\,\overline{X0} + X2X1\overline{X0} + X2X1X0$

5. Es ist in der Aufgabenstellung nicht vorgegeben, wie die Minimierung vorgenommen werden soll. Es ist somit die grafische Form mittels KV-Diagramm (Bild 2.2) als auch die mittels Boolescher Algebra möglich.

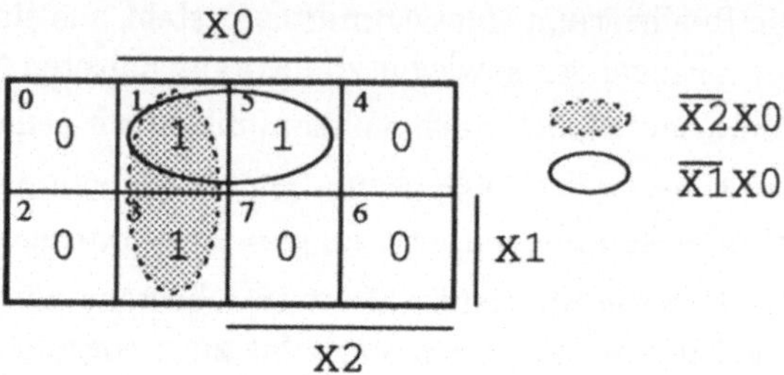

Bild 2.2 Minimierung mittels KV-Diagramm

Zuerst werden die Funktionswerte von Y in das KV-Diagramm eingetragen. Danach sind große Schleifen zu bilden, um möglichst viele Eingangsvariablen in den Einzeltermen unterzubringen. Für die Funktion ergibt sich:

$$Y_{DNF} = \overline{X1}\,X0 + \overline{X2}\,X0 = Y_{KNF} = X0\,(\overline{X2} + \overline{X1}),$$

und für die invertierte Funktion:

$$\overline{Y}_{KNF} = (X1 + \overline{X0})\,(X2 + \overline{X0}) = \overline{Y}_{DNF} = \overline{X0} + X2\,X1.$$

Auf algebraischem Wege kann die Minimierung wie folgt durchgeführt werden (von Y_{AKNF} kann man ebenso ausgehen):

$$Y_{AKNF} = (X2 + X1 + X0)(X2 + \overline{X1} + X0)(\overline{X2} + X1 + X0)(\overline{X2} + \overline{X1} + X0)(\overline{X2} + \overline{X1} + \overline{X0})$$

$$\overline{Y} = \overline{(X2 + X1 + X0)(X2 + \overline{X1} + X0)(\overline{X2} + X1 + X0)(\overline{X2} + \overline{X1} + X0)(\overline{X2} + \overline{X1} + \overline{X0})}$$

$$\overline{Y} = \overline{X2}\,\overline{X1}\,\overline{X0} + \overline{X2}\,X1\,\overline{X0} + X2\,\overline{X1}\,\overline{X0} + X2\,X1\,\overline{X0} + X2\,X1\,X0.$$

Aus den ersten vier Klammerausdrücken werden $X1$ und $\overline{X1}$ eliminiert, der letzte Term wird übernommen:

$$\overline{Y} = \overline{X2}\,\overline{X0} + X2\,\overline{X0} + X2\,X1\,X0.$$

Genauso geschieht dies für $X2$ und $\overline{X2}$:

$$\overline{Y} = \overline{X0} + X2\,X1\,X0 = \overline{X0} + X2\,X1.$$

Hieraus ergibt sich durch Anwendung der de Morgan'schen Regel

$$Y = X0(\overline{X2} + \overline{X1}).$$

2.4 Boolesche Gleichung

1. : Ein möglicher algebraischer Lösungsansatz:

$$A \oplus B = \overline{AB + \overline{A}\,\overline{B}}.$$

Die einfacher scheinende Seite der Gleichung wird jetzt betrachtet. Das EXKLUSIV-ODER der Aufgabenstellung läßt sich z. B. auch als UND/ODER-Verknüpfung schreiben:

$$A\overline{B} + \overline{A}B.$$

Die Verknüpfungen werden durch zweifaches Invertieren und Anwendung der de Morgan'schen Regel umgewandelt:

$$\overline{\overline{A\overline{B} + \overline{A}B}} \quad \rightarrow \quad \overline{(\overline{A} + B)\,(A + \overline{B})}.$$

Auflösen der Klammerung durch Boolesches *Ausmultiplizieren*:

$$\overline{\underbrace{A\overline{A}}_{0} + \overline{A}\,\overline{B} + AB + \underbrace{B\overline{B}}_{0}}.$$

Nach Entfernen der 0-Terme ist die Identität der beiden Gleichungsseiten offensichtlich:

$$\overline{\overline{A}\,\overline{B} + AB} \equiv \overline{AB + \overline{A}\,\overline{B}}.$$

2. : Eine mögliche Lösung:

$$\overline{A}\,\overline{C} + A\overline{B} + BC = \overline{A}B + \overline{B}\,\overline{C} + AC.$$

Auch für diese Aufgabe läßt sich keine allgemeingültige Regel zur Bearbeitung angeben. Eine Erweiterung der Terme einer Seite um die jeweils fehlende Variable und ihr Inverses ist immer möglich, hier auf die linke Seite angewandt:

$$\underbrace{\overline{A}B\overline{C}}_{1} + \underbrace{\overline{A}\,\overline{B}\,\overline{C}}_{2} + \underbrace{A\overline{B}C}_{3} + \underbrace{A\overline{B}\,\overline{C}}_{2} + \underbrace{ABC}_{3} + \underbrace{\overline{A}BC}_{1}.$$

Durch Zusammenfassen der Klammern gleicher Nummern zeigt sich:

$$\overline{A}B + \overline{B}\,\overline{C} + AC \equiv \overline{A}B + \overline{B}\,\overline{C} + AC.$$

3. : Algebraischer Lösungsweg:

$$A\overline{B} + A\overline{C} + \overline{C}\,\overline{D} + \overline{B}\,\overline{D} = \overline{BC + \overline{A}D}.$$

Zweimaliges Invertieren der linken Gleichungsseite und Anwenden der de Morgan'schen Regeln hilft weiter:

$$\overline{\overline{A\overline{B} + A\overline{C} + \overline{C}\,\overline{D} + \overline{B}\,\overline{D}}}.$$

Auflösen des ersten Invertierungsstriches:

$$\overline{(\bar{A} + B)\,(\bar{A} + C)\,(C + D)\,(B + D)},$$

Boolesches *Ausmultiplizieren* der UND-Verknüpfungen:

$$\overline{(\underbrace{\bar{A} + \bar{A}C + \bar{A}B}_{\bar{A}} + BC)\,(BC + \underbrace{CD + BD + D}_{D})},$$

Zusammenfassen: $\overline{(\bar{A} + BC)\,(BC + D)}$,

Boolesches *Ausmultiplizieren*: $\overline{\underbrace{\bar{A}BC} + \bar{A}D + \underbrace{BC} + \underbrace{BCD}}$.

Durch das Dominieren von BC (Absorptionsregel) vereinfacht sich der Ausdruck und zeigt:

$$\overline{\bar{A}D + BC} \equiv \overline{BC + \bar{A}D}.$$

2.5 Schaltnetzanalyse – Beispiel 1

1. : Die Funktionsgleichung mit ihren Einzeltermen:

$$Y = \underbrace{(\overline{X2}\,\overline{X1}\,\overline{X0} + X2\,X1\,X0)}_{Y1}\;\underbrace{\overline{(\overline{X2} + \overline{X1} + \overline{X0})}}_{Y2=X2\,X1\,X0}.$$

2. : Wahrheitstabelle, siehe Tabelle 2.4!

Feld-Nr.	X2	X1	X0	Y1	Y2	Y	
0	0	0	0	1	0	0	
1	0	0	1	0	0	0	
2	0	1	0	0	0	0	
3	0	1	1	0	0	0	
4	1	0	0	0	0	0	
5	1	0	1	0	0	0	
6	1	1	0	0	0	0	
7	1	1	1	1	1	1	Y = X2 X1 X0

Tabelle 2.4 Wahrheitstabelle zur Schaltnetzanalyse – Beispiel 1

2.6 KV-Diagramm – Beispiel 1

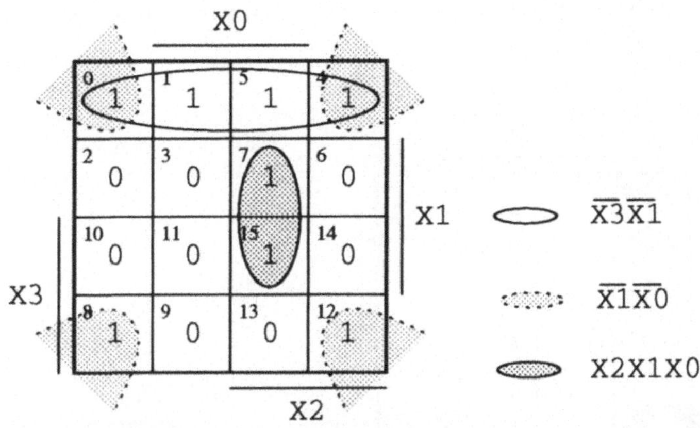

Bild 2.3 KV-Diagramm – Beispiel 1

1. : DNF aus dem KV-Diagramm:

$$Y_{DNF} = \overline{X1}\,\overline{X0} + X2X1X0 + \overline{X3}\,\overline{X1}.$$

2. : KNF aus der DNF mit de Morgan:

$$\overline{\overline{Y}} = \overline{\overline{\overline{X1}\,\overline{X0} + X2X1X0 + \overline{X3}\,\overline{X1}}},$$

$$Y = \overline{(X1 + X0)(\overline{X2} + \overline{X1} + \overline{X0})(X3 + X1)}.$$

Ausmultiplizieren:

$$Y = \overline{X3\,\overline{X2}\,X0 + X3\,\overline{X1}\,X0 + \overline{X2}\,X1 + X1\,\overline{X0}}.$$

Ersten Term mit $X1 + \overline{X1}$ ergänzen und ausmultiplizieren.

$$Y = \overline{\underbrace{X3\,\overline{X2}\,X1\,X0}_{1} + \underbrace{X3\,\overline{X2}\,\overline{X1}\,X0}_{2} + \underbrace{X3\,\overline{X1}\,X0}_{3} + \underbrace{\overline{X2}\,X1}_{4} + \underbrace{X1\,\overline{X0}}_{5}},$$

Term 4 absorbiert Term 1, Term 3 absorbiert Term 2:

$$Y = \overline{\overline{X2}\,X1 + X3\,\overline{X1}\,X0 + X1\,\overline{X0}},$$

Anwendung der de Morgan'schen Regeln:

$$Y_{KNF} = (X2 + \overline{X1})(\overline{X3} + X1 + \overline{X0})(\overline{X1} + X0).$$

3. : KNF aus dem KV-Diagramm direkt durch Bildung aus den 0-Feldern:

$$Y_{KNF} = (X2 + \overline{X1})(\overline{X1} + X0)(\overline{X3} + X1 + \overline{X0}).$$

2.7 Vereinfachung von Schaltfunktionen

In der Aufgabenstellung ist nicht vorgeschrieben, ob die Vereinfachung algebraisch oder grafisch durchzuführen ist. Vorgeführt werden der 1. Teil grafisch, der 2. Teil grafisch und algebraisch, und der 3. Teil wird nur als mögliches Ergebnis dargestellt.

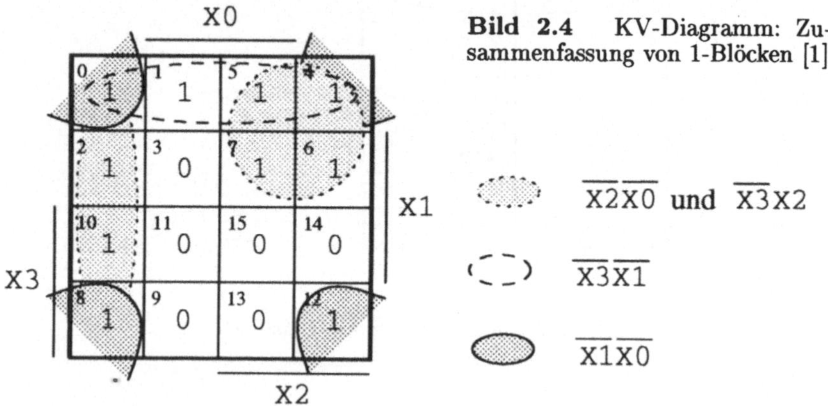

Bild 2.4 KV-Diagramm: Zusammenfassung von 1-Blöcken [1]

1. : Grafische Lösung: Durch Eintragen der Funktionswerte in das KV-Diagramm und erneute Zusammenfassung. Ob man für die Zusammenfassung 1-Felder (Bild 2.4) oder 0-Felder (Bild 2.5) wählt, hängt von der Anzahl der jeweiligen Felder ab. Gezeigt werden beide Varianten: Aus dem KV-Diagramm (Bild 2.4) ist nach der Zusammenfassung folgende DNF ablesbar:

$$Y_{DNF} = \overline{X2}\,\overline{X0} + \overline{X3}\,\overline{X1} + \overline{X1}\,\overline{X0} + \overline{X3}\,X2$$

Aus dem KV-Diagramm (Bild 2.5) ist nach der Zusammenfassung folgende DNF der invertierten Ausgangsfunktion ablesbar:

$$\overline{Y}_{DNF} = X3\,X0 + \overline{X2}\,X1\,X0 + X3\,X2\,X1$$

Meistens will man die Gleichung der nichtinvertierten Variablen, so daß beide Seiten der Gleichung noch einmal invertiert werden und die rechte Seite mit Hilfe der de Morgan'schen Regeln umgeformt wird. Die resultierende KNF läßt sich durch Boolesches *Ausmultiplizieren* der Klammern natürlich in eine äquivalente DNF umwandeln.

$$\overline{\overline{Y}} = \overline{X3\,X0 + \overline{X2}\,X1\,X0 + X3\,X2\,X1}$$

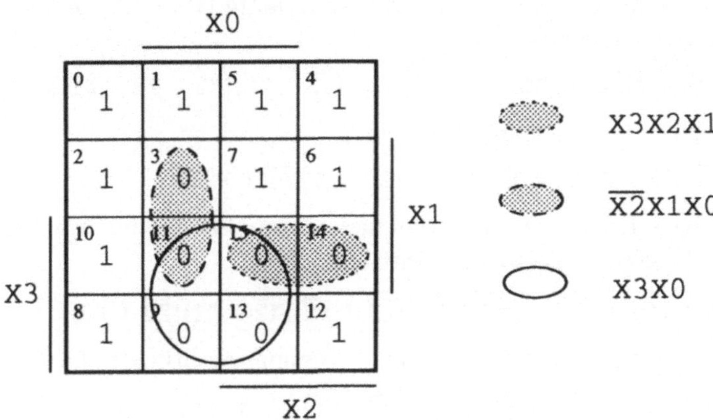

Bild 2.5 KV-Diagramm: Zusammenfassung von 0-Blöcken

$$Y = (\overline{X3} + \overline{X0})(X2 + \overline{X1} + \overline{X0})(\overline{X3} + \overline{X2} + \overline{X1})$$

2. : Grafische Lösung: Zuerst die vorhandenen Terme in ein leeres KV-Diagramm eintragen. Dann die Einsen bzw. Nullen zu möglichst großen Gruppen (Zweierpotenz, s. Bild 2.6) zusammenfassen.

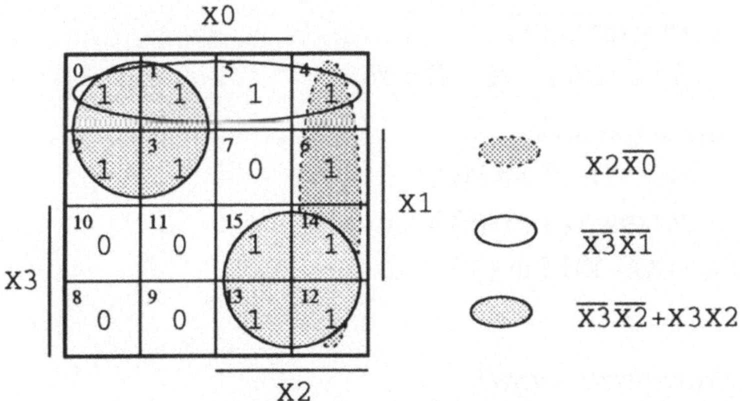

Bild 2.6 KV-Diagramm: Zusammenfassung in 1-Blöcken

Aus dem KV-Diagramm (Bild 2.6) ist nach der Zusammenfassung der Einsen folgende Funktion (DNF) ablesbar:

$$Y_{DNF} = X3\,X2 + \overline{X3}\,\overline{X2} + X2\,\overline{X0} + \overline{X3}\,\overline{X1}$$

Weniger Terme erhalten wir im KV-Diagramm (Bild 2.6) durch die Zusammenfassung der Nullen:

$$\overline{\mathtt{Y}} = \mathtt{X3}\,\overline{\mathtt{X2}} + \overline{\mathtt{X3}}\,\mathtt{X2}\,\mathtt{X1}\,\mathtt{X0} \quad \rightarrow \quad \mathtt{Y}_{\mathtt{KNF}} = (\overline{\mathtt{X3}} + \mathtt{X2})(\mathtt{X3} + \overline{\mathtt{X2}} + \overline{\mathtt{X1}} + \overline{\mathtt{X0}})$$

Algebraische Lösungsmöglichkeit zu 2.:

$$\mathtt{Y}_{\mathtt{DNF}} = \overline{\mathtt{X3}}\,\overline{\mathtt{X2}} + \overline{\mathtt{X3}}\,\overline{\mathtt{X1}} + \overline{\mathtt{X3}}\,\overline{\mathtt{X0}} + \mathtt{X3}\,\mathtt{X2} + \mathtt{X2}\,\overline{\mathtt{X1}} + \mathtt{X2}\,\overline{\mathtt{X0}} \qquad (1)$$

Zweimaliges Invertieren der rechten Gleichungsseite und Auflösung des unteren Invertierungsstriches führt auf (2):

$$\mathtt{Y} = \overline{(\mathtt{X3} + \mathtt{X2})(\mathtt{X3} + \mathtt{X1})(\mathtt{X3} + \mathtt{X0})(\overline{\mathtt{X3}} + \overline{\mathtt{X2}})(\overline{\mathtt{X2}} + \mathtt{X1})(\overline{\mathtt{X2}} + \mathtt{X0})} \qquad (2)$$

Die UND-Verknüpfung von jeweils 2 Klammerausdrücken führt auf:

$$\mathtt{Y} = \overline{(\mathtt{X3} + \mathtt{X2}\,\mathtt{X1})(\mathtt{X3}\,\overline{\mathtt{X2}} + \overline{\mathtt{X3}}\,\mathtt{X0} + \overline{\mathtt{X2}}\,\mathtt{X0})(\overline{\mathtt{X2}} + \mathtt{X1}\,\mathtt{X0})} \qquad (3)$$

Die weitere Konjunktion der beiden ersten Klammerausdrücke und das Abschreiben des dritten der Zeile (3) ist in Zeile (4) gezeigt (Die Klammerung um die Konjunktionen ist nicht nötig und dient nur der optischen Klärung):

$$\mathtt{Y} = \overline{(\mathtt{X3}\,\overline{\mathtt{X2}}) + (\mathtt{X3}\,\overline{\mathtt{X2}}\,\mathtt{X0}) + (\overline{\mathtt{X3}}\,\mathtt{X2}\,\mathtt{X1}\,\mathtt{X0})(\overline{\mathtt{X2}} + \mathtt{X1}\,\mathtt{X0})} \qquad (4)$$

Der erste Klammerausdruck aus Zeile (4) dominiert den zweiten, der damit entfallen kann. Die drei verbliebenen Terme werden zu Zeile (5) verknüpft. Die Überführung in eine KNF erfolgt dann durch *Aufbrechen* des Invertierungsstriches nach de Morgan:

$$\mathtt{Y} = \overline{\mathtt{X3}\,\overline{\mathtt{X2}} + \overline{\mathtt{X3}}\,\mathtt{X2}\,\mathtt{X1}\,\mathtt{X0}} \qquad (5)$$

$$\mathtt{Y}_{\mathtt{KNF}} = (\overline{\mathtt{X3}} + \mathtt{X2})(\mathtt{X3} + \overline{\mathtt{X2}} + \overline{\mathtt{X1}} + \overline{\mathtt{X0}}). \qquad (6)$$

3. : Mögliche Lösungen:

$$\overline{\mathtt{Y}}_{\mathtt{DNF}} = \overline{\mathtt{X0}} + \mathtt{X3}\,\mathtt{X2}\,\overline{\mathtt{X1}} + \overline{\mathtt{X3}}\,\overline{\mathtt{X2}}\,\overline{\mathtt{X1}}$$

$$\mathtt{Y}_{\mathtt{KNF}} = \mathtt{X0}\,(\mathtt{X3} + \mathtt{X2} + \mathtt{X1})\,(\overline{\mathtt{X3}} + \overline{\mathtt{X2}} + \mathtt{X1})$$

$$\mathtt{Y}_{\mathtt{DNF}} = \mathtt{X1}\,\mathtt{X0} + \mathtt{X3}\,\overline{\mathtt{X2}}\,\mathtt{X0} + \overline{\mathtt{X3}}\,\mathtt{X2}\,\mathtt{X0}$$

2.8 Schaltnetzentwurf

Die Tabelle der Aufgabenstellung erscheint unvollständig, da mit 4 Eingangsvariablen (EV) 16 Kombinationen (Zeilen in der Tabelle) auftauchen müßten. Hieraus ist zu schließen, daß es sich um einen unvollständigen Code handelt, bei dem man die fehlenden Kombinationen als don't care (x) behandeln kann (Tabelle 2.5).

Feld-Nr.	X3	X2	X1	X0	Y
0	0	0	0	0	0
1	0	0	0	1	1
2	0	0	1	0	0
3	0	0	1	1	0
4	0	1	0	0	x
5	0	1	0	1	1
6	0	1	1	0	0
7	0	1	1	1	1
8	1	0	0	0	x
9	1	0	0	1	1
10	1	0	1	0	0
11	1	0	1	1	0
12	1	1	0	0	0
13	1	1	0	1	x
14	1	1	1	0	0
15	1	1	1	1	x

Tabelle 2.5 Erweiterte Wahrheitstabelle

1. : KV-Diagramm (Bild 2.7); hier sind don't care (x) ebenfalls einzutragen!

$$\mathtt{Y_{DNF}} = \mathtt{X2\,X0} + \overline{\mathtt{X1}}\,\mathtt{X0} = \mathtt{Y_{KNF}} = \mathtt{X0}\,(\mathtt{X2} + \overline{\mathtt{X1}})$$

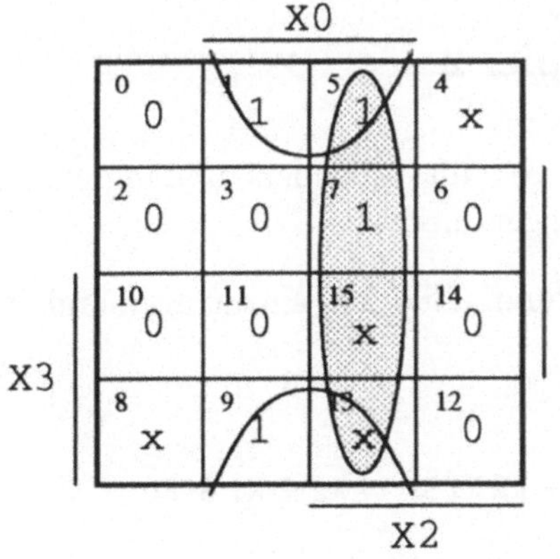

Bild 2.7 KV-Diagramm: Zusammenfassung in 1-Schleifen

2. : Minimierung auf NOR-Gatter mit 2 Eingängen:

$$\overline{\mathtt{Y}}_{\mathtt{KNF}} = \overline{\mathtt{X0}\,(\mathtt{X2} + \overline{\mathtt{X1}})}$$

Die de Morgan'schen Regeln lassen den Invertierungsstrich aufbrechen zu einer weiteren ODER-Verknüpfung, die mit einer weiteren Invertierung zur gesuchten Zweifach-NOR-Verknüpfung führt.

$$\overline{\overline{Y}}_{KNF} = Y = \overline{\overline{X0} + \overline{(X2 + \overline{X1})}}$$

Schaltbild (Bild 2.8) des Schaltnetzes mit 2-fach NOR-Gattern:

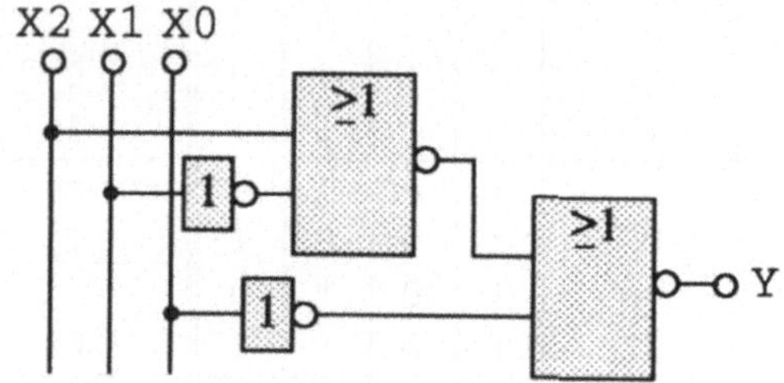

Bild 2.8 Schaltnetz mit 2-fach NOR-Gattern, die Inverter können ebenfalls mit NOR-Gattern realisiert werden

3. : Die Minimierung mit NAND-Gatter ist genauso einfach:

$$Y_{DNF} = X2\,X0 + \overline{X1}\,X0 = \overline{\overline{X2\,X0 + \overline{X1}\,X0}}$$

$$Y = \overline{\overline{(X2\,X0)}\;\overline{(\overline{X1}\,X0)}}$$

2.9 Schaltnetzanalyse – Beispiel 2

1. : Die Wahrheitstabelle (Tabelle 2.6) fällt besonders umfangreich aus, wenn sie auch die Einzelverknüpfungen umfaßt.

2. : Die Funktion ist in das KV-Diagramm (Bild 2.9) einzutragen und durch Zusammenfassen zu Minimieren.

3. : Minimierte Schaltfunktion:

   $Y = \overline{X2}\,\overline{X1}\,\overline{X0} + \overline{X2}\,X1\,X0 + X2\,\overline{X1}\,X0 + X2\,X1\,\overline{X0} = X2 \oplus X1 \oplus X0$

4. : Auf das einfache Schaltnetz kann an dieser Stelle wohl verzichtet werden.

Feld-Nr.	X3	X2	X1	X0	Y1	Y2	Y3	Y4	Y5	Y6	Y7	Y8	Y9	Y
0	0	0	0	0	1	0	1	1	1	0	0	0	0	1
1	0	0	0	1	0	0	0	1	1	0	0	0	0	0
2	0	0	1	0	0	0	0	1	1	0	0	0	0	0
3	0	0	1	1	0	0	0	0	1	0	0	1	0	1
4	0	1	0	0	0	0	1	1	1	0	0	0	0	0
5	0	1	0	1	0	0	0	1	0	0	0	1	0	1
6	0	1	1	0	0	0	0	1	1	1	0	0	1	1
7	0	1	1	1	0	0	0	1	1	1	0	0	0	0
8	1	0	0	0	0	1	1	1	1	0	1	0	0	1
9	1	0	0	1	0	1	0	1	1	0	0	0	0	0
10	1	0	1	0	0	1	0	1	1	0	0	0	0	0
11	1	0	1	1	0	1	0	0	1	0	0	1	0	1
12	1	1	0	0	0	0	1	1	1	0	0	0	0	0
13	1	1	0	1	0	0	0	1	0	0	0	1	0	1
14	1	1	1	0	0	0	0	1	1	1	0	0	1	1
15	1	1	1	1	0	0	0	1	1	1	0	0	0	0

Tabelle 2.6 Erweiterte Wahrheitstabelle zur Schaltnetzanalyse – Beispiel 2

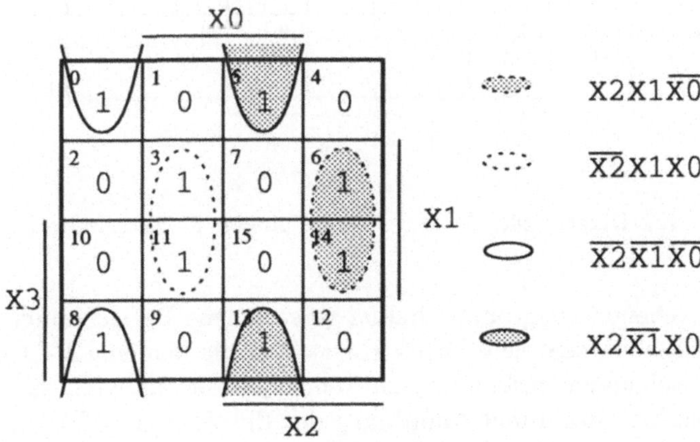

Bild 2.9 KV-Diagramm zur Schaltnetzanalyse – Beispiel 2

2.10 KV-Diagramm – Beispiel 2

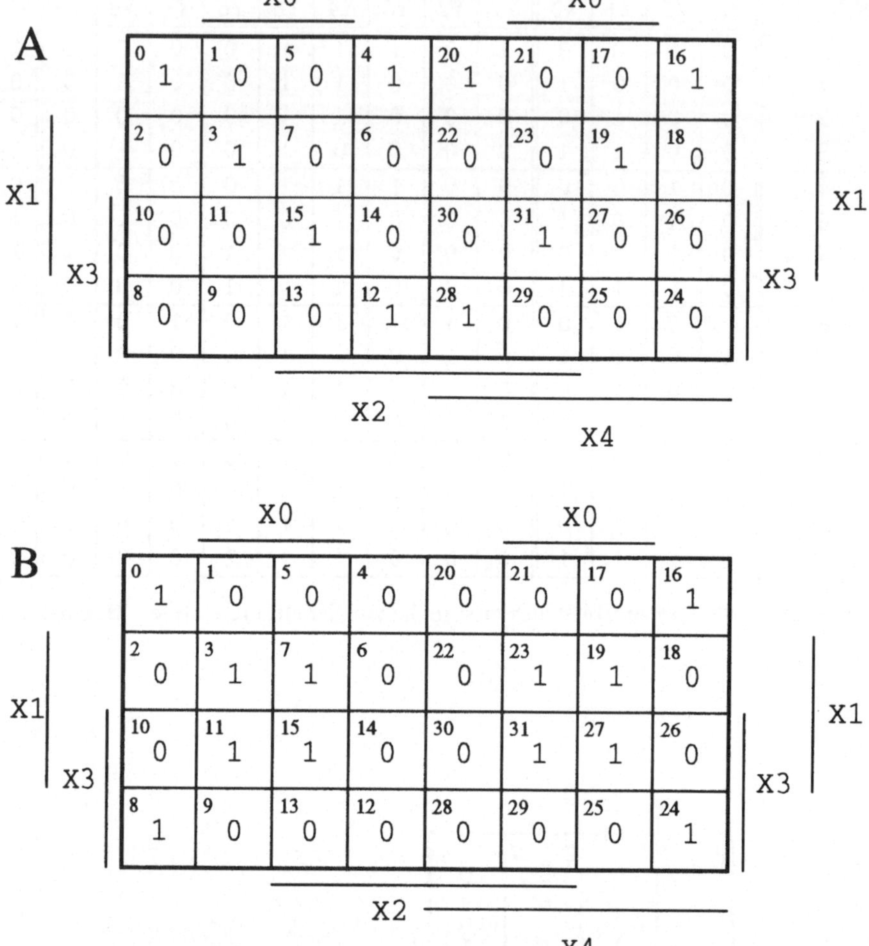

Bild 2.10 KV-Diagramme; A: Y1, erweitert um X4; B: Y2, erweitert um X3

Die vorgegebenen Diagramme haben verschiedene Bezeichnungen für ihre Eingangsvariablen (also kein Druckfehler). Um die beiden KV-Diagramme anschaulich miteinander verknüpfen zu können, ist es sinnvoll, sie erst einmal auf die gleiche Anzahl und Anordnung der Eingangsvariablen zu bringen. Die Konstruktion von größeren KV-Diagrammen ist im Lehrbuch [1] Kap. 7.4 anschaulich gezeigt. Das Arbeitsprinzip bei der Erweiterung um die fehlende Variable ist die Verknüpfung mit ihr selbst und ihrem Inversen.

$$X0 = X0\,(X1 + \overline{X1}) = X0\,X1 + X0\,\overline{X1}$$

In diesem Fall wird das eine KV-Diagramm um X4 und $\overline{\text{X4}}$, das andere um X3 und $\overline{\text{X3}}$ erweitert.

Das KV-Diagramm für Y1 wird um Y4 erweitert, indem es durch Umklappen nach rechts dupliziert wird. Das KV-Diagramm für Y2 wird um X3 erweitert, indem für $\overline{\text{X4}}$ die obere Hälfte nach unten geklappt wird (Auffüllen des $\overline{\text{X4}}$-Feldes) und die gegebene untere Hälfte zuerst nach rechts (Beibehaltung des X4-Feldes) und dann nach oben geklappt wird (Auffüllen des X4-Feldes). Y entsteht durch feldweise ODER-Verknüpfung beider Diagramme aus 2.10.

$$\text{Y} = \text{X1}\,\text{X0} + \overline{\text{X1}}\,\overline{\text{X0}} = \text{X1} \odot \text{X0}$$

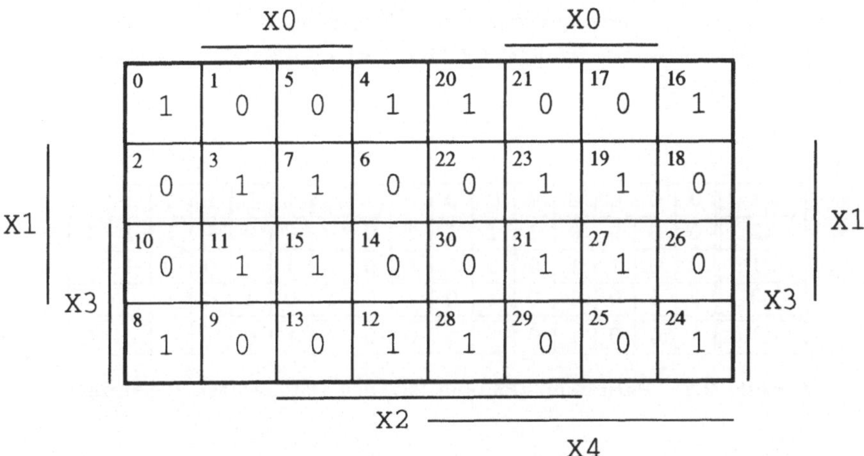

Bild 2.11 Beide KV-Diagramme ODER-verknüpft, Funktion Y = Y1 + Y2

2.11 Fehlererkennung

Zur Fehlererkennung und mehr noch zur Fehlerkorrektur müssen den Nutzdaten Redundanzen zugefügt werden (s. a. [1]). Das Parity- bzw. Prüfbit ist eine, dem zu übertragenden Code angehängte Zusatzinformation, die sowohl auf der Sender- als auch auf der Empfängerseite (unabhängig voneinander, s. a. Bild 2.12) erzeugt und verglichen werden muß. Es handelt sich um die einfachste Form der Datensicherung, die in der Datenkommunikation angewendet wird.

Das Schaltnetz wird mit Hilfe einer Wahrheitstabelle (Tabelle 2.7) entwickelt. Das Auswerten der Wahrheitstabelle in einem KV-Diagramm (Bild 2.13) und ein bißchen Umformulieren der DNF zeigen, daß EXKLUSIV-NOR-Gatter die Aufgabe des Schaltnetzes (Paritybitgenerator) bewältigen können. Empfängerseitig müssen sinngemäß PE und die dortigen Datensignale eingesetzt werden.

$$\text{PS} = (\text{X3} \oplus \text{X2}) \odot (\text{X1} \oplus \text{X0}) = (\text{X3} \odot \text{X2}) \odot (\text{X1} \odot \text{X0})$$

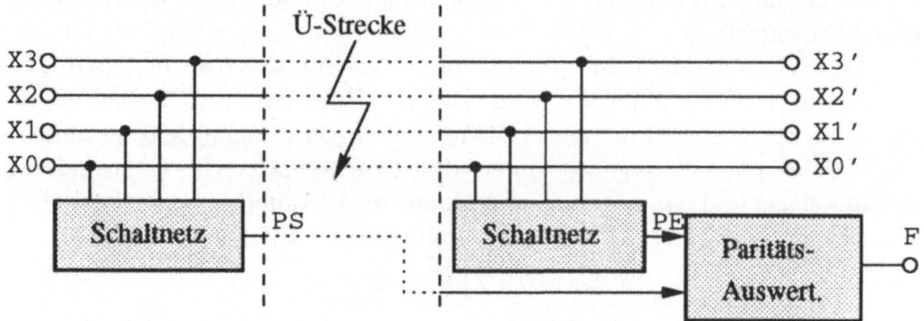

Bild 2.12 Datenübertragungsstrecke; F: Fehlersignal; PE: empfangsseitig erzeugtes Paritätsbit; PS: senderseitig erzeugtes Paritätsbit; Ü-Strecke: Übertragungsstrecke

X3	0	0	0	0	0	0	0	0	1	1	1	1	1	1	1	1
X2	0	0	0	0	1	1	1	1	0	0	0	0	1	1	1	1
X1	0	0	1	1	0	0	1	1	0	0	1	1	0	0	1	1
X0	0	1	0	1	0	1	0	1	0	1	0	1	0	1	0	1
P-Bit	1	0	0	1	0	1	1	0	0	1	1	0	1	0	0	1

Tabelle 2.7 Paritätsbit (PS oder PE), den Datenworten zugeordnet

Das Fehlersignal wird gesetzt, wenn PS und PE verschieden sind:

$$F = (PS \oplus PE)$$

1. : Das P-Bit erlaubt die Erkennung sende- oder empfangsseitiger 1- oder 3 bit-Fehler.

2. : und 3. Die Paritätsauswertung der Schaltung in Bild 2.12 kann nicht unterscheiden, ob die Ursache des Fehlers im Daten- oder im Paritätsteil des Datenwortes auftaucht.

2.12 Fehlerkorrektur

1. : Aus der angegebenen Relation kann man ermitteln, daß man bei m = 4 Datenleitungen und einem Zustand *kein Fehler* mit n = 3 Prüfbits die 1 bit-Korrektur realisieren kann. Mit den drei Prüfbits P[2..0] ist es möglich, einen 1 bit-Fehler im Datenwort X[3..0] **oder** einem Prüfbit zu erkennen, zu lokalisieren und damit zu korrigieren (binäres System).

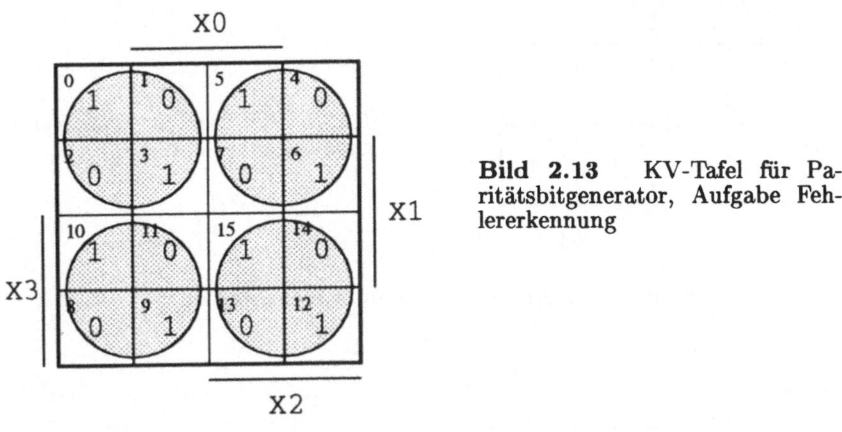

Bild 2.13 KV-Tafel für Paritätsbitgenerator, Aufgabe Fehlererkennung

2. : Schaltnetz der Prüfbitgeneratoren: Aus Text und Bild der Aufgabenstellung ergibt sich dann:

- : Der Übertragungsfehler bei einem **Prüfbit** darf nur zur Kennzeichnung dieses **einen** Bits führen. Damit sind die drei Bitmuster {100, 010, 001} des Vergleichervektors V[2..0] vergeben.
- : Jede fehlerhafte Übertragung eines Datenbits muß zu einer Anzeige *fehlerhaft* bei **mindestens** zwei Prüfbits führen.
- : Ein Fehler in der Übertragung eines Datenbits darf nicht denselben P-Vektor wie der eines anderen Datenbits erzeugen.

Eine mögliche Variante, Prüf- und Datenbits miteinander in Beziehung zu setzen, zeigt Tabelle 2.8. Andere Verknüpfungen sind ebenfalls möglich, solange die genannten Bedingungen eingehalten werden.

Prüfbit	Datenbits			
	X3	X2	X1	X0
P0	⋆		⋆	⋆
P1		⋆	⋆	⋆
P2	⋆	⋆		⋆

Tabelle 2.8 Zuordnung von Daten- und Prüfbits; ⋆ - Prüfbit wird vom Datenbit beeinflußt

Ein Prüfbit werde gesetzt, wenn das Gewicht der Datenbits, die es beeinflussen, ungerade ist. Damit kann man KV-Tafeln der Prüfbits erstellen (Bild 2.14). Gezeigt ist die KV-Tafel für P0, die wie üblich über eine Tabelle erstellt wird (siehe z. B. die vorangehende Aufgabe).

P0:

	X0	X0		
[0] 0	[1] 1	[5] 0	[4] 1	
[2] 1	[3] 0	[7] 1	[6] 0	X1
		X3	X3	

Bild 2.14 KV-Tafel für Prüfgenerator - Aufgabe Fehlerkorrektur

Damit läßt sich die Boolesche Gleichung hinschreiben:

$$\mathtt{P0} = \mathtt{X3} \oplus \mathtt{X1} \oplus \mathtt{X0}$$

Da die beiden anderen Prüfbits ebenfalls aus je 3 Datenbits gebildet werden, kann man deren Gleichung durch entsprechenden Tausch der Variablen direkt hinschreiben:

$$\mathtt{P1} = \mathtt{X2} \oplus \mathtt{X1} \oplus \mathtt{X0}$$
$$\mathtt{P2} = \mathtt{X3} \oplus \mathtt{X2} \oplus \mathtt{X0}$$

Für Sender und Empfänger wird dieselbe Schaltung verwendet.

3. : Schaltnetz der Vergleichsschaltung. Wir wollen festlegen, daß die nachfolgende Korrekturschaltung eine logische 0 am Vergleicherausgang als *kein Fehler erkannt* interpretiert. Da der Vergleich bitweise durchgeführt wird, gilt

$$\mathtt{Vi} = 1, \text{ falls } \mathtt{PiS} \neq \mathtt{PiE},$$

wobei PiS die senderseitig und PiE die empfängerseitig erzeugten Prüfbits sind. Damit ergeben sich für die möglichen 1 bit-Fehler die in Tabelle 2.9 angegebenen Vektoren am Ausgang des Vergleichers. Die Antivalenz ist die logische Grundschaltung, mit der man die Ungleichheit zweier binärer Signale feststellt:

$$\mathtt{Vi} = \mathtt{PiS} \oplus \mathtt{PiE}$$

4. : Schaltnetz zur Korrektur des Fehlers: Ein Datenbit wird invertiert, wenn das Bitmuster am Ausgang des Vergleichers einen Fehler für dieses Bit signalisiert, andernfalls nicht. Liegt beispielsweise V[2..0] = 101, und damit ein Fehler auf der Datenleitung X3 vor, so ergibt sich das Bit X3K am Ausgang des Korrekturschaltnetzes zu

$$\mathtt{X3K} = \mathtt{X3} \cdot \overline{\mathtt{VX3}} + \overline{\mathtt{X3}} \cdot \mathtt{VX3} = \mathtt{VX3} \oplus \mathtt{X3}, \text{ mit } \mathtt{VX3} = \mathtt{V2} \cdot \overline{\mathtt{V1}} \cdot \mathtt{V0}$$

Ebenso erhält man für die Fehler bei den anderen Datenbits:

$$\mathtt{X2{:}\ V[2..0]} = 111,\ \mathtt{X2K} = \mathtt{VX2} \oplus \mathtt{X2}, \mathtt{VX2} = \mathtt{V2} \cdot \mathtt{V1} \cdot \mathtt{V0}$$
$$\mathtt{X1{:}\ V[2..0]} = 011,\ \mathtt{X1K} = \mathtt{VX1} \oplus \mathtt{X1}, \mathtt{VX1} = \overline{\mathtt{V2}} \cdot \mathtt{V1} \cdot \mathtt{V0}$$
$$\mathtt{X0{:}\ V[2..0]} = 110,\ \mathtt{X0K} = \mathtt{VX0} \oplus \mathtt{X0}, \mathtt{VX0} = \mathtt{V2} \cdot \mathtt{V1} \cdot \overline{\mathtt{V0}}$$

falsches Bit	Zustand der Prüfbits			Ausgänge der Vergleichsschaltung V2	V1	V0
X3	P2S ≠ P2E	P1S = P1E	P0S ≠ P0E	1	0	1
X2	P2S ≠ P2E	P1S ≠ P1E	P0S ≠ P0E	1	1	1
X1	P2S = P2E	P1S ≠ P1E	P0S ≠ P0E	0	1	1
X0	P2S ≠ P2E	P1S ≠ P1E	P0S = P0E	1	1	0
P2	P2S ≠ P2E	P1S = P1E	P0S = P0E	1	0	0
P1	P2S = P2E	P1S ≠ P1E	P0S = P0E	0	1	0
P0	P2S = P2E	P1S = P1E	P0S ≠ P0E	0	0	1
keins	P2S = P2E	P1S = P1E	P0S = P0E	0	0	0

Tabelle 2.9 Zuordnung von 1 bit-Fehlern und Ausgangsvektoren der Vergleichsschaltung

Bild 2.15 zeigt die einfache Schaltung des Korrekturschaltnetzes.

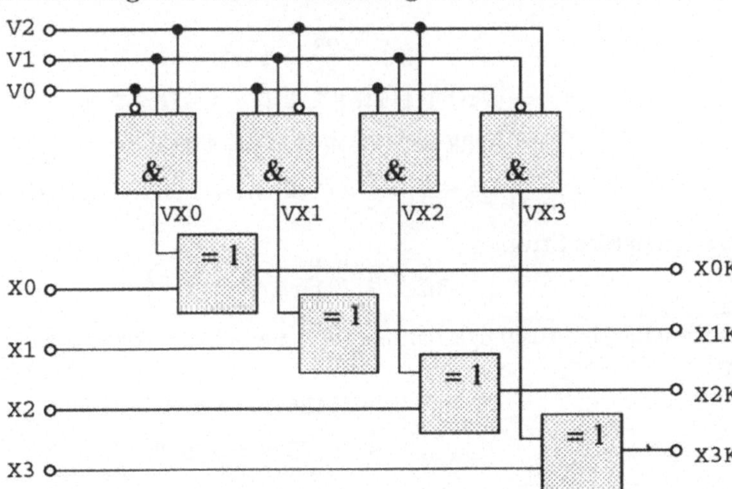

Bild 2.15 Korrekturschaltnetz zur 1 bit-Fehlerkorrektur

2.13 4 bit-D/A-Wandler mit R-2R-Netzwerk

1. : Ersatzschaltbild (Bild 2.16) für die Schalterstellung `S[3..0] = 0100`:

2. : Berechnung des Gesamtwiderstandes aus Einzelabschnitten (R sei 1 kΩ, siehe Bild 2.16):

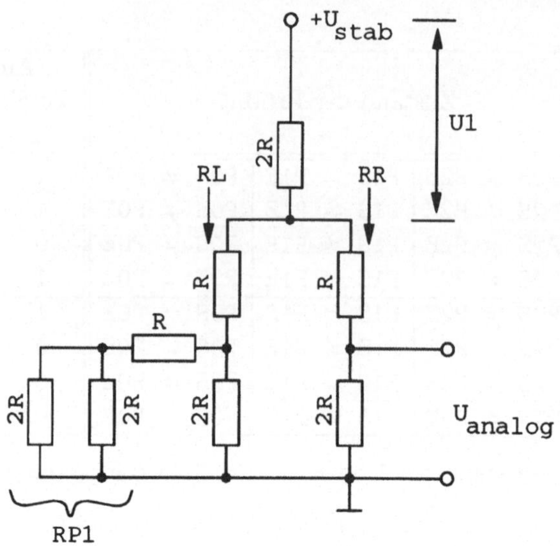

Bild 2.16 Ersatzschaltbild DA-Wandler

$$RP1 = \frac{2R}{2R} = 1\ k\Omega$$
$$RL = (1k\Omega + 1\ k\Omega \parallel 2\ k\Omega) + 1\ k\Omega = 2\ k\Omega$$
$$RR = 2\ k\Omega + 1\ k\Omega = 3\ k\Omega$$
$$RG = \frac{3\ k\Omega \cdot 2\ k\Omega}{3\ k\Omega + 2\ k\Omega} = \frac{6}{5} = 1{,}2\ k\Omega + 2\ k\Omega = 3{,}2\ k\Omega.$$

3. : Berechnung des Stromes:
$$I = \frac{U}{RG} = \frac{10\ V}{3{,}2\ k\Omega} = 3{,}125\ mA.$$

4. : Berechnung der Ausgangsspannung für die Schalterstellung S[3..0] = 0100:
$$U1 = 2\ k\Omega \cdot 3{,}125\ mA = 6{,}25V$$
$$U_{analog} = \frac{2}{3} \cdot 3{,}75\ V = 2{,}5\ V.$$

5. : Berechnung der Quantisierung (n = Anzahl der Schalter bzw. Bits):
$$U_{analog} = \frac{U_{stab}}{2^n} = \frac{10\ V}{16} = 0{,}625\ V,$$
Kontrolle für die berechnete Schalterstellung:
$$0100 = 4 \cdot 0{,}625\ V = 2{,}5\ V.$$

6. : Tabelle der möglichen Spannungskombinationen, siehe Tabelle 2.10!

S3	S2	S1	S0	Wert	U_{analog}
0	0	0	0	0	0
0	0	0	1	1	0,625
0	0	1	0	2	1,250
0	0	1	1	3	1,875
0	1	0	0	4	2,500
0	1	0	1	5	3,125
0	1	1	0	6	3,750
0	1	1	1	7	4,375
1	0	0	0	8	5,000
1	0	0	1	9	5,625
1	0	1	0	10	6,250
1	0	1	1	11	6,875
1	1	0	0	12	7,500
1	1	0	1	13	8,125
1	1	1	0	14	8,750
1	1	1	1	15	9,375

Tabelle 2.10 Tabelle der möglichen Ausgangsspannungen

2.14 Digital/Analog-Wandler mit Widerstandsnetzwerk

Es handelt sich um einen summierenden Digital/Analog-Wandler; für ideale Transistoren (Ui_{Basis} = 4 V bei Highpegel, Ui_{Basis} = 0 V bei Lowpegel) gilt dann:

$$Ua = -\sum_{i=1}^{n} \frac{RF}{Ri} \cdot Ui.$$

Ua beträgt z. B. für gesetztes MSB (Bit D7) bei einer geforderten Quantisierung von 0,1:

$$D7 \hat{=} 1000000_2 = 2^6 = 64_{(10)} \Rightarrow Ua = -(64 \cdot 0{,}1) = -6{,}4\ V.$$

Das negative Vorzeichen wird durch den invertierenden Operationsverstärker erzeugt.

1. : Wenn $64_{(10)}$ eine Ausgangsspannung von $Ua = -6{,}4$ V erzeugt und RF mit 6,4 kΩ angenommen wird, kann R7 (zuständig bei D7 = 1) berechnet werden:

$$Ua = -\frac{RF}{R7} \cdot Ui = -\frac{6{,}4\ k\Omega}{R7\ k\Omega} \cdot 4{,}0\ V$$

$$\mathtt{R7} = \frac{\mathtt{RF}}{\mathtt{Ua}_{(64)}} \cdot \mathtt{Ui} = \frac{6{,}4\ \mathrm{k\Omega} \cdot 4{,}0\ \mathrm{V}}{6{,}4\ \mathrm{V}} = 4{,}0\ \mathrm{k\Omega}.$$

2\. : Aufgrund der Wichtung nach dem Natürlichen Binärcode (NBC) betragen die Widerstandswerte:

$$\begin{aligned}
\mathtt{R6} &:= 2^1 \cdot \mathtt{R7} \Rightarrow 8\ \mathrm{k\Omega},\\
\mathtt{R5} &:= 2^2 \cdot \mathtt{R7} \Rightarrow 16\ \mathrm{k\Omega},\\
\mathtt{R4} &:= 2^3 \cdot \mathtt{R7} \Rightarrow 32\ \mathrm{k\Omega},\\
\mathtt{R3} &:= 2^4 \cdot \mathtt{R7} \Rightarrow 64\ \mathrm{k\Omega},\\
\mathtt{R2} &:= 2^5 \cdot \mathtt{R7} \Rightarrow 128\ \mathrm{k\Omega},\\
\mathtt{R1} &:= 2^6 \cdot \mathtt{R7} \Rightarrow 256\ \mathrm{k\Omega}.
\end{aligned}$$

3\. : Beispiel für $1_{(10)} \mathrel{\hat{=}} 0000001_{(2)}$:

$$\mathtt{Ua}_{(1)} = -\frac{\mathtt{RF} \cdot 4{,}0}{\mathtt{R1}} = -\frac{6{,}4 \cdot 4{,}0}{256} = -0{,}1\ \mathrm{V}$$

Beispiel für $55_{(10)} \mathrel{\hat{=}} 0110111_{(2)}$:

$$\begin{aligned}
\mathtt{Ua}_{(55)} &= -\left(\frac{6{,}4 \cdot 4{,}0}{256} + \frac{6{,}4 \cdot 4{,}0}{128} + \frac{6{,}4 \cdot 4{,}0}{64} + \frac{6{,}4 \cdot 4{,}0}{16} + \frac{6{,}4 \cdot 4{,}0}{8}\right)\\
&= -(0{,}1 + 0{,}2 + 0{,}4 + 1{,}6 + 3{,}2)\\
&= -5{,}5\ \mathrm{V}.
\end{aligned}$$

Beispiel für $127_{(10)} \mathrel{\hat{=}} 1111111_{(2)}$:

$$\begin{aligned}
\mathtt{Ua}_{(127)} &= -\left(\frac{25{,}6}{256} + \frac{25{,}6}{128} + \frac{25{,}6}{64} + \frac{25{,}6}{32} + \frac{25{,}6}{16} + \frac{25{,}6}{8} + \frac{25{,}6}{4}\right)\\
&= -(0{,}1 + 0{,}2 + 0{,}4 + 0{,}8 + 1{,}6 + 3{,}2 + 6{,}4)\\
&= -12{,}7\ \mathrm{V}.
\end{aligned}$$

3 Sequentielle Schaltungen

3.1 Flipflop-Analyse

1. : Das Verhalten der Schaltung wird mittels Wahrheitstabelle bzw. Übergangstabelle beschrieben. Um zu einer Lösung zu gelangen, ist es sinnvoll, die Schaltung nach Schaltnetz- und Flipflopteil zu unterscheiden. Zuerst folgt jetzt die Untersuchung des Schaltnetzes (Tabelle 3.1).

Feld-Nr.	X1	X0	C	$Y1 = \overline{X0 \cdot X1 \cdot C}$	$Y2 = \overline{Y1 \cdot X1 \cdot C}$
0	0	0	0	1	1
1	0	0	1	1	1
2	0	1	0	1	1
3	0	1	1	1	1
4	1	0	0	1	1
5	1	0	1	1	0
6	1	1	0	1	1
7	1	1	1	0	1

Tabelle 3.1 Schaltnetzfunktion

Die Übertragungsfunktionen des Schaltnetzes lauten also:

$$Y1 = \overline{X1 \cdot X0 \cdot C} \qquad Y2 = \overline{Y1 \cdot X1 \cdot C}$$

Für das verbleibende NAND-RS-Flipflop ($\overline{S} \hat{=} Y1$ und $\overline{R} \hat{=} Y2$) gilt nach [1] die ausführliche Übergangstabelle (3.2).

Die Übergangsfunktion des RS-NAND-FF lautet (hier wird abweichend vom Lehrbuch [1] von Signalnamen ohne Querstrich ausgegangen):

$$Q|_{n+1} = \overline{\left[\overline{S} \cdot \overline{\overline{R} \cdot Q}\right]}\Big|_n = \left[S + \overline{R} \cdot Q\right]\Big|_n$$

oder, in vereinfachter Schreibweise,

$$Q := \overline{\overline{S} \cdot \overline{\overline{R} \cdot Q}} = S + \overline{R} \cdot Q,$$

wobei links von dem Zeichen := der logische Zustand des Signals bzw. der Variablen nach der taktgesteuerten Übernahme und rechts davon Zustände vor diesem Zeitpunkt eingetragen sind.

Fall	S	R	Q	Q	$\overline{Q}$	Bemerkung
0	1	1	0	0	1	Speichern
1	1	1	1	1	0	Speichern
2	0	1	0	1	0	Setzen
3	0	1	1	1	0	Setzen
4	1	0	0	0	1	Rücksetzen
5	1	0	1	0	1	Rücksetzen
6	0	0	0	X	X	Verboten
7	0	0	1	X	X	Verboten
		t_n		t_{n+1}		Zeitpunkt

Tabelle 3.2 Übergangstabelle FF-Funktion

Für die komplette Schaltung gilt dann die Übergangsfunktion:

$$\mathtt{Q} := \overline{\mathtt{Y1}} + \mathtt{Y2} \cdot \mathtt{Q}$$

Nach Einsetzen der Schaltnetzfunktion ergibt sich die Übergangsgleichung:

$$\mathtt{Q} := \mathtt{X1} \cdot \mathtt{X0} \cdot \mathtt{C} + \overline{\mathtt{Y1} \cdot \mathtt{X1} \cdot \mathtt{C}} \cdot \mathtt{Q}$$

Werden die Flipflop-Funktionen aus Tabelle 3.2 mit der Tabelle 3.1 verknüpft, ergeben sich für die Fälle 0 - 4 und 6 von Tabelle 3.2 die Funktion *Speichern*, für den Fall 5 die Funktion *Rücksetzen* und für Fall 7 die Funktion *Setzen*.

2. : Impulsverlauf des Kippgliedes. Das Zeitliniendiagramm zeigt Bild 3.1.

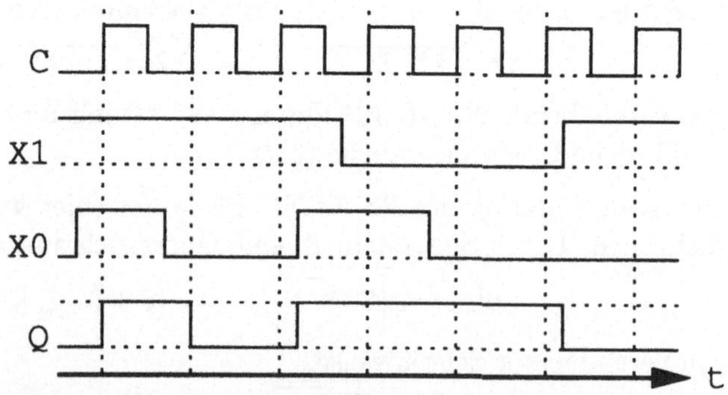

Bild 3.1 Zeitliniendiagramm zur Kippschaltung

3. : Es handelt sich um Taktzustandssteuerung (alle Eingänge werden mit ihren Pegeln verknüpft, auch wenn Bezeichnung und Form des C-Signals

etwas anderes suggerieren) und, wie auch im resultierenden Zeitliniendiagramm erkennbar, um ein Einspeicher-Flipflop.

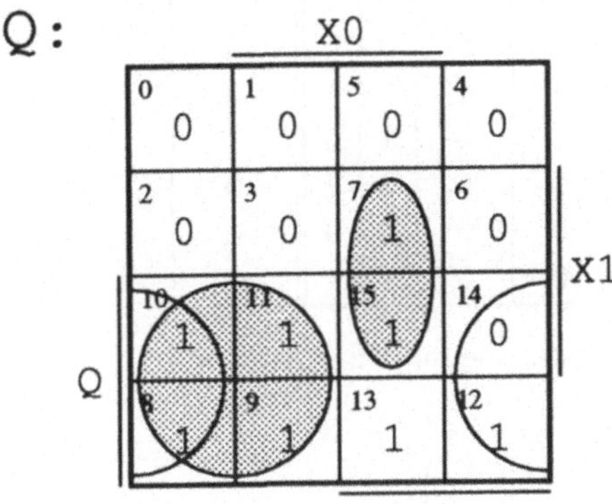

Bild 3.2 KV-Diagramm zur Kippschaltung

4. : Die charakteristische Gleichung (Übergangsgleichung) des Kippgliedes kann mit Hilfe des aus den beiden Tabellen erstellten KV-Diagramms (Bild 3.2) berechnet werden und lautet:

$$Q := Q \cdot \overline{X1} + Q \cdot \overline{C} + X1 \cdot X0 \cdot C$$

Sie läßt sich auch aus der unter Punkt 1 schon ermittelten Übergangsgleichung entwickeln.

3.2 Flipflop-Umwandlung – Beispiel 1

Die Aufgabenstellung zeigt im Schaltbild (Bild 3.3 im Aufgabenteil), daß es sich um ein taktflankengesteuertes RS-FF handelt. Zusätzlich zur internen Rückführung innerhalb des RS-Blocks ist noch eine Rückführung der Ausgangssignale (Q und $\overline{Q}$) auf die vorgeschalteten ODER-Glieder zu beachten. Die Zustandsfolgetabelle 3.3 zeigt das Verhalten bez. der Eingangsvariablen. Die Spalte für $Q|_{n+1}$ wird aus der Übergangsgleichung $Q := S + \overline{R} \cdot Q$ des Flipflops ermittelt.

In ein KV-Diagramm (Bild 3.3) eingetragen, kann die Wirkung von E1 und E2 auf den Ausgang Q einfach zu:

$$Q := E1 \cdot \overline{Q} + \overline{E1} \cdot Q \cdot \overline{E2}$$

zusammengefaßt werden.

Die Gleichungen für den Setz- und Rücksetzeingang des Flipflops kann man ebenfalls aus Tabelle 3.3 entwickeln:

$$S = E1 \cdot \overline{E2} \cdot \overline{Q} + E1 \cdot E2 \cdot \overline{Q} = E1 \cdot \overline{Q}$$
$$R = \overline{E1} \cdot E2 \cdot Q + E1 \cdot \overline{E2} \cdot Q + E1 \cdot E2 \cdot Q = E1 \cdot Q + E2 \cdot Q.$$

Fall	E1	E2	Q|n	E1'	E2'	S	R	Q|n+1
0	0	0	0	1	1	0	0	0
1	0	0	1	1	1	0	0	1
2	0	1	0	1	0	0	0	0
3	0	1	1	1	0	0	1	0
4	1	0	0	0	0	1	0	1
5	1	0	1	0	0	0	1	0
6	1	1	0	0	0	1	0	1
7	1	1	1	0	0	0	1	0

Tabelle 3.3 Übergangstabelle der RS-Schaltung

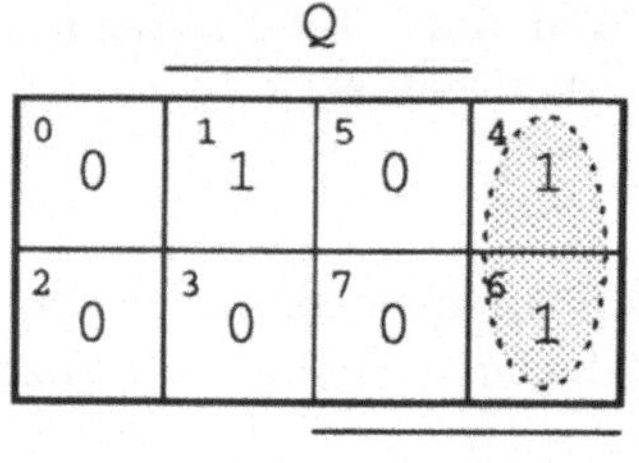

Bild 3.3 KV-Diagramm der RS-Kippschaltung für den Ausgang Q

Aus der erweiterten Übergangstabelle für das JK-Flipflop, der Ausgangsverknüpfung und den Eingangsvariablen E1 und E2 aus der RS-FF-Tabelle kann die Übergangstabelle 3.4 für die Version mit JK-Flipflop erstellt werden. Die Werte für J und K sind aus der allgemeinen Übergangsgleichung $Q := J\overline{Q} + \overline{K}Q$ ermittelt worden. Das Zeichen x (don't care) steht an Stellen, an denen der Folgezustand von Q sowohl durch Toggeln als auch durch Setzen (J) bzw. Rücksetzen (K) erreicht werden kann.

Fall	E1	E2	Q|n	J	K	Q|n+1	Funktion
0	0	0	0	0	x	0	Speichern
1	0	0	1	x	0	1	Speichern
2	0	1	0	0	x	0	Speichern
3	0	1	1	x	1	0	Toggeln/Löschen
4	1	0	0	1	x	1	Toggeln/Setzen
5	1	0	1	x	1	0	Toggeln/Löschen
6	1	1	0	1	x	1	Toggeln/Setzen
7	1	1	1	x	1	0	Toggeln/Löschen

Tabelle 3.4 Übergangstabelle für JK-Schaltung

Aus Tabelle 3.4 kann man ablesen, daß J = E1 und K = E1 + E2 gewählt werden können; selbstverständlich kann man auch die KV-Diagramme erstellen und dann wie gewohnt zusammenfassen.

3.3 Flipflop-Umwandlung – Beispiel 2

1. : Aus der symbolischen Darstellung des Flipflops in Bild 3.5 der Aufgabenstellung kann man erkennen, daß es sich um ein taktzustandsgesteuertes RS-Flipflop handelt. Es kann beispielsweise mit den in Bild 3.4 angegebenen Gattern realisiert werden.

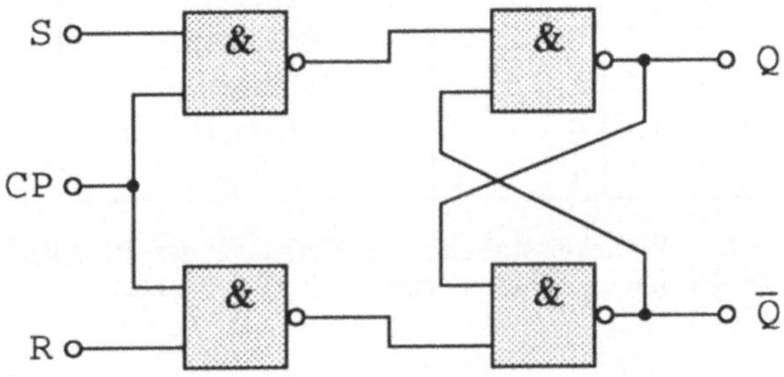

Bild 3.4 Realisierung des zustandsgesteuerten RS-Flipflops mit NAND-Gattern

Änderungen am R- oder S-Eingang werden wirksam, solange CP = 1 ist. Ein 0 → 1-Übergang an S setzt das Flipflop (Q = 1), und ein 0 → 1-Übergang an R setzt es zurück (Q = 0). R und S dürfen nicht gleichzeitig auf 1 liegen (log. verbotener Zustand). Mit dem 1 → 0-Übergang von CP geht das Flipflop in die Funktion *Speichern* über und reagiert nicht mehr auf Änderungen an R und S.

S	R	$Q\|_{n+1}$
0	0	$Q\|_n$
0	1	0
1	0	1
1	1	verboten

J	K	$Q\|_{n+1}$
0	0	$Q\|_n$
0	1	0
1	0	1
1	1	$\overline{Q}\|_n$

Tabelle 3.5 Wahrheitstabelle des RS-Flipflops (links) und eines JK-Flipflops (rechts)

2. : Tabelle 3.5 zeigt die Übergangstabelle des RS-Flipflops und die eines JK-Flipflops mit der Übergangsgleichung $Q := J\overline{Q} + \overline{K}Q$.

Der Toggelbetrieb ist beim RS-Flipflop nicht bekannt, er muß mittels der Schaltung durch explizites Setzen bzw. Rücksetzen erzeugt werden. Dies ist nur möglich, wenn der aktuelle Zustand, wie in der Aufgabenstellung gezeigt, als Eingangsvariable in das Schaltnetz einbezogen wird. Tabelle 3.6 zeigt die Zuordnungen für das Schaltnetz, das dem RS-Flipflop vorgeschaltet wird.

$Q\|_n$	J	K	S	R	Funktion des JK-FFs
0	0	0	0	x	Speichern
0	0	1	0	x	Rücksetzen
0	1	0	1	0	Setzen
0	1	1	1	0	Toggeln
1	0	0	x	0	Speichern
1	0	1	0	1	Rücksetzen
1	1	0	x	0	Setzen
1	1	1	0	1	Toggeln

Tabelle 3.6 Wahrheitstabelle der Eingänge des RS-Flipflops, mit dem das JK-FF nachgebildet werden soll; x: don't care

Aus der Tabelle kann man die Gleichungen für R und S direkt oder über KV-Diagramme entwickeln; sie lauten

$$S = J\overline{Q}|_n \qquad \text{und} \qquad R = KQ|_n$$

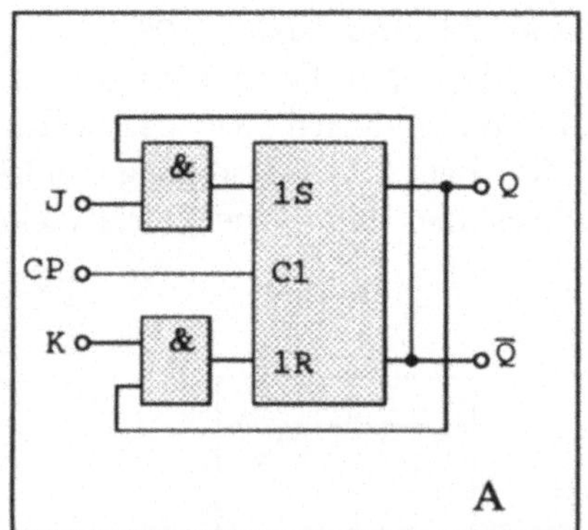

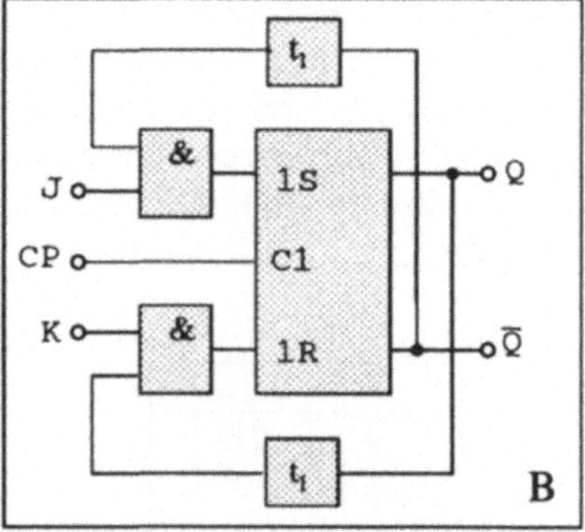

Bild 3.5 JK-Flipflop, realisiert durch ein RS-FF mit zusätzlicher Beschaltung; A, B: siehe Text

Damit ergibt sich die Schaltung Bild 3.5 A. Sie ist in der dargestellten Weise nicht funktionsfähig: bleibt der Taktimpuls auf log. 1, so verändern die rückgekoppelten Ausgänge unbeabsichtigt die Eingänge des RS-Flipflops (siehe nächsten Aufgabenpunkt).

3. : Man kann trotz der eben beschriebenen Einschränkung ein funktionsfähiges JK-Flipflop erhalten, wenn erstens der Taktimpuls nur kurzzeitig auf log. 1 geht und zweitens in die Rückführungen Verzögerungsglieder nach Bild 3.5 B geschaltet werden, die Änderungen der Ausgangssignale verzögern bis der Taktimpuls wieder auf log. 0 liegt.

4. : Durch Vergleich der Übergangsgleichungen beider Flipfloptypen

$$Q_D := D \qquad \text{und} \qquad Q_{JK} := J\overline{Q} + \overline{K}Q$$

kann man erkennen, daß für $J = \overline{K} = D$ sich $Q := D\overline{Q} + \overline{D}Q = D$ ergibt. Das D-Flipflop wird also realisiert, indem man den D-Eingang direkt mit dem J- und über einen Inverter mit dem K-Eingang des JK-FFs verbindet.

Vergleicht man die JK-Flipflopgleichung mit der eines T-Flipflops ($Q_T := T\overline{Q} + \overline{T}Q$), so kann man erkennen, daß man mit $J = K = T$ das JK-Flipflop als T-Flipflop einsetzen kann. Man muß lediglich den T-Eingang mit dem J- und dem K-Eingang verbinden.

3.4 Zählerentwurf

1. : Die JK-Flipflops werden als T-Flipflops zusammengeschaltet (Bild 3.6).

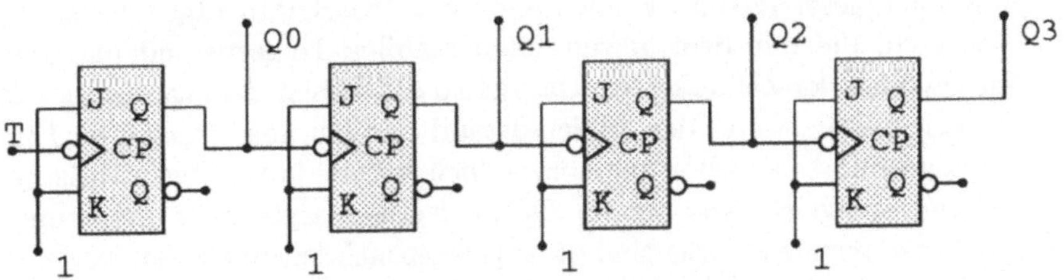

Bild 3.6 Asynchroner Binärzähler

2. : Das Zeitliniendiagramm (Bild 3.7 A) geht von einem idealisierten Zeitraster ohne Gatterlaufzeiten aus. Die Ausschnittzeichnung B enthält die Verzögerungen gegenüber der aktiven Flanke (1 → 0) von T.

3. : Jedes Flipflop hat nach Aufgabenstellung eine Verzögerungszeit von 15 nsec, um die das Ausganssignal Q gegen die aktive Taktflanke verzögert wird. Der Takteingang der Flipflops (außer dem ersten) ist jeweils mit dem Q-Ausgang des vorangehenden FFs verbunden, so daß die Laufzeiten

kumulieren. In der Praxis bedeutet das, daß Q0 um 15 nsec später als T, Q1 um 15 nsec später als Q0 und um 30 nsec später als T kippt, usw. . Q7 wird also um $8 \cdot 15 = 120$ nsec später kippen als T.

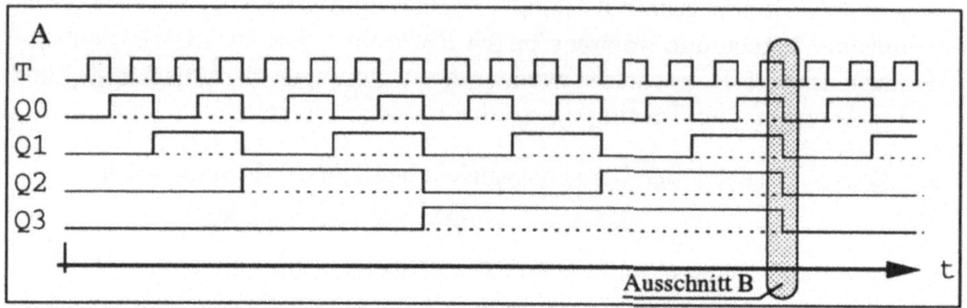

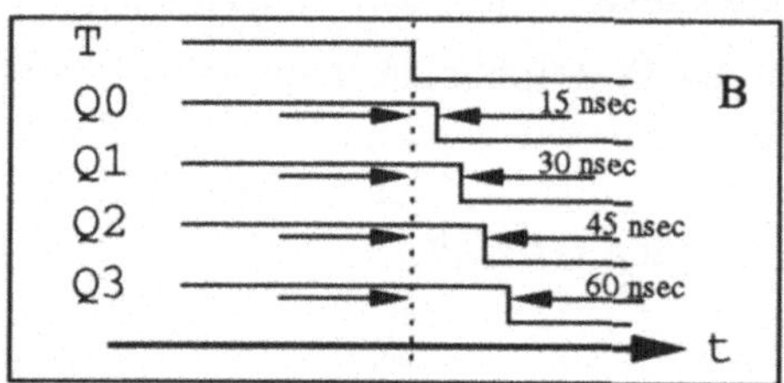

Bild 3.7 Zeitliniendiagramm; A - idealisiert; B - Ausschnitt mit Laufzeitverzögerungen; jeder Ausgang kippt erst 15 nsec nach der aktiven Taktflanke

Innerhalb dieser 120 nsec können temporär Zwischenzustände des Zählers existieren, die mit dem gewünschten stabilen Folgezustand nach dem Durchlaufen der Zählerkette nicht viel zu tun haben. Das kann zu großen Fehlern führen, wenn der Zählerzustand parallel ausgewertet wird und die angeschlossene Schaltung empfindlich auf die kurzzeitigen Zwischenzustände reagiert. Aus diesem Grund werden asynchrone Schaltungen möglichst vermieden. Sie sind zwar gelegentlich leichter zu entwerfen, in der Regel aber deutlich schwieriger zum stabilen Laufen zu bringen. Auch beeinflussen Temperaturschwankungen die Laufzeit.

3.5 Weihnachtsbaumbeleuchtung

Im Prinzip kann hier jeder Frequenzteiler oder -zähler mit vier Ausgängen eingesetzt werden, da über die

- die Reihenfolge
- die Überlappung

- die Einschaltdauer
- die Wiederholungsrate und
- das Einschaltverhältnis

der Einzel–LED–Ketten zueinander in der Aufgabenstellung nichts ausgesagt wird. Möglich sind somit u. a.

- Binärzähler
- Ringzähler
- Johnson- (oder Moebius-) Zähler oder
- Schieberegister.

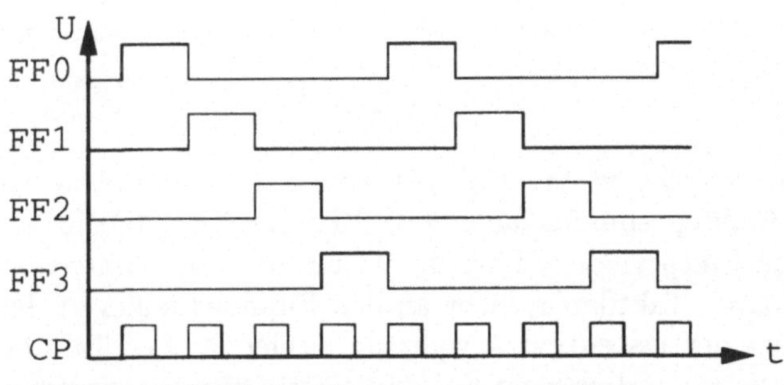

Bild 3.8 Zeitliniendiagramm 1 aus 4-Zähler

Der synchrone Ringzähler (Schieberegister, wenn `FF3` nicht auf `FF0` rückgeführt wird) aus [1], abgemagert auf 4 Flipflops mag als Beispiel dienen. Die LED-Ketten werden sequentiell abwechselnd durch die Flipflop-Ausgänge (`FF[0..3]`) zum Leuchten angeregt (1-aus-4-Zähler, Bild 3.8). Durch die Wahl der Flipflops, die zu Anfang gesetzt bzw. zurückgesetzt werden, kann die Leuchtdauer der Zeilen variiert werden. Beim (synchronen) Johnson- oder Moebius-Zähler gehen die Lichtergruppen nacheinander alle an und dann nacheinander alle aus. Dies zeigt das Zeitliniendiagramm für 5 FF in [1].

3.6 Schieberegister mit Flipflops

Bei der Lösung in Bild 3.9 gibt das Freigabesignal `FG` die UND-Glieder zur Übernahme der Daten `X[0..3]` frei. In der Phase des Weitertaktens muß der Ausgang der UND-Glieder auf log. `0` liegen, damit die parallele Dateneingabe die Weitergabe der Flipflopsignale während des Ausschiebevorgangs nicht beeinflußt. Die Schaltung arbeitet nur korrekt, wenn erstens die Flipflops vor der Freigabe zurückgesetzt werden und zweitens das Freigabesignal genau eine Taktperiode lang ist.

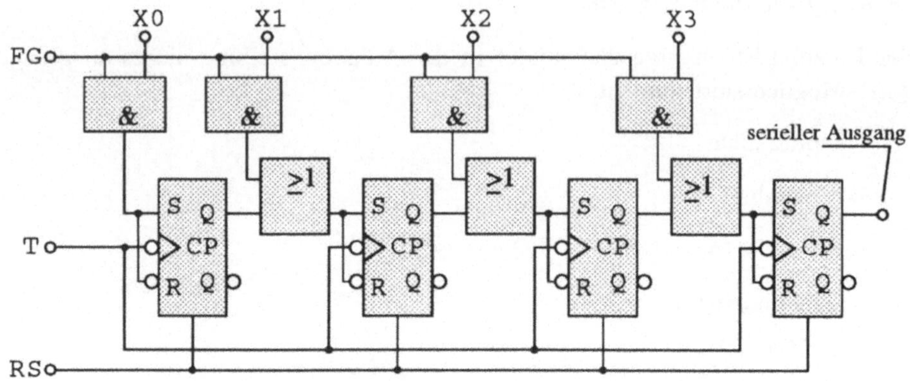

Bild 3.9 Schieberegister als Parallel/Seriell-Wandler

Das Zurücksetzen verhindert, daß eine evtl. vorhandene log. 1 im vorangehenden Flipflop eine zu ladende 0 überschreibt (ODER-Gatter!). Ist FG kürzer als eine Taktperiode auf log. 1, so kann u. U. der Datenvektor zum Zeitpunkt der aktiven Taktflanke nicht an den Flipflops anliegen. Ist FG dagegen länger, so liegt der Datenvektor während zweier aktiver Taktflanken an den ODER-Gattern an, und es kann aus denselben Gründen, aus denen der Reset erforderlich ist, zum Weitertakten einer 1 statt einer 0 kommen.

Es gibt auch andere Möglichkeiten, die Flipflops parallel zu laden. Statt der einfachen ODER-Verknüpfungen und dem synchronen Eintakten kann die Datenübernahme auch asynchron mit separaten Setz- und Rücksetzeingängen vorgenommen werden (bei käuflichen Parallel-Seriell-Wandlern häufig).

3.7 Zähler-Analyse

1. : Da kein gemeinsamer Takt benutzt wird, kann es sich nur um einen asynchronen Zähler handeln. Der Negations-Kreis an den Takteingängen verweist auf die negative Flanke der Triggerung.

2. : Man kann eine Zählfolge bestimmen, da der Ausgang eines jeden Flipflops den Takteingang des folgenden ansteuert. Eine Besonderheit stellen die UND-Verknüpfungen an den verschiedenen FF-Ausgängen dar, bei denen das Ergebnis einer bestimten Verknüpfungskombination offensichtlich zum Rücksetzen des Zählers (Bild3.11) führt. Die Inverter erzeugen

Signallaufzeiten, damit die FF-Ausgangssignale einigermaßen gleichzeitig am Verknüpfungsglied anliegen.

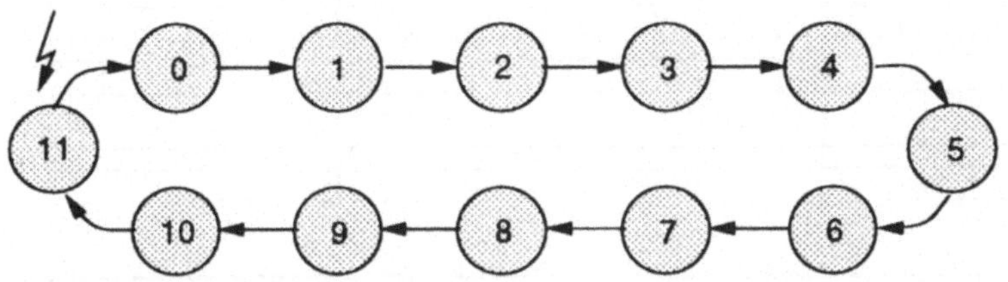

Bild 3.10 Zustandsdiagramm (Zählerstandsdiagramm) des asynchronen Binärzählers

Die Rücksetzkombination lautet R = Q3 · Q1 · Q0. Das bedeutet, daß das Bitmuster 1111 nicht erreicht wird. 1011 entspricht einem Zählwert von 11 (dezimal), es handelt sich also um einen Modulo 12-Zähler(Bild 3.10). Da die Kombination nur extrem kurzzeitig anliegt, kann man eigentlich nur von einem Modulo-11-Zähler sprechen.

3. : Der deutlich sichtbare Nachteil ist, daß der Zustand 11 über den R-Eingang sofort (nach Gatter- und Flipfloplaufzeiten) in den Zustand 0 wechselt und dadurch nur sehr kurze Zeit andauert. Auch der Zählerstand 0 wird verkürzt!

Die Schaltung ist ein Beispiel für die Heimtücke asynchroner Designs: Die Zählfolge kann schon einen Takt früher beendet werden, wenn die Signallaufzeit durch die beiden Inverter am Ausgang Q0 länger ist als die Durchlaufzeit von T1. Beim Übergang von 1001 → 1010 (Q[3..0]) entsteht am NAND an Q1 ein Nadelimpuls, der sich bis zum RS-Eingang fortpflanzt. Laufzeiten sind temperaturabhängig und unterliegen Exemplarstreuungen!

Die allgemeine Problematik asynchroner Entwürfe mit Hazards, Races und Spikes wird im Lehrbuch [1] und an anderen Stellen [4] diskutiert.

3.8 Gray Code-Vorwärtszähler

Beim Gray-Code handelt es sich um einen Anordnungscode [1] , der mit einer Tabelle einfach zu beschreiben ist. Die Hamming-Distanz benachbarter Zählerstände ist stets 1. Als einschrittiger Code sind einfache Fehlermöglichkeiten (z. B. Ablesefehler) gegenüber dem Natürlichen Binärcode (NBC) und anderen Codes auf ein Bit beschränkt. Eine Tabelle für den Gray Code findet

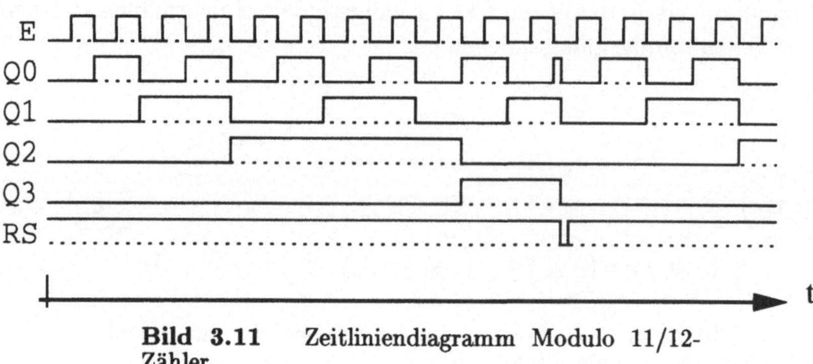

Bild 3.11 Zeitliniendiagramm Modulo 11/12-Zähler

sich in [1] und wird deshalb hier nicht wiederholt. Um die Zählertabelle aufzustellen, muß überlegt werden, wieviele Flipflops man für einen Modulo 8-Zähler benötigt.

$$\mathtt{ld}\ 8 = 3$$

1. : Zustandsdiagramme zeigen anschaulich die Reihenfolge und Möglichkeiten bei Schaltwerken auf. Die Zustandstabelle (Übergangstabelle) enthält in tabellarischer Form alle Informationen zur Berechnung der Ansteuer- und Übergangsgleichungen. Sie muß also enthalten (Tabelle 3.7):

   - Zustände der FF-Ausgänge zum vergangenen und zum aktuellen Zeitpunkt oder
   - Zustände der FF-Ausgänge zum aktuellen und zum folgenden Zeitpunkt (Entscheidung liegt beim Nutzer),
   - Diskrete Zustände sind durch den gemeinsamen Takt (CP) vorgegeben.
   - Die Eingangsvariablen (hier jeweils die J- und K-Eingänge) können bzw. sollen gleich mit festgelegt werden.

   Interpretationshilfe zur Zustandstabelle 3.7: Um von den Flipflop-Ausgangswerten zum Zeitpunkt vor der aktiven Taktflanke t_n zu denen danach (t_{n+1}) zu gelangen, müssen die zugehörigen Eingänge (J und K) einen bestimmten Pegel haben oder dürfen don't care (x) sein [1].

   Als Beispiel sei die erste Zeile betrachtet: Der Flipflop-Ausgang Q2 = 0 wird mit der nächsten aktiven Taktflanke ebenfalls 0 sein, wenn der J2-Eingang (also der Setz-Eingang) auf 0 bleibt. Der K2-Eingang (Rücksetz-Eingang) kann 0 oder 1 (also x) sein. Für Q1 gilt dies ebenso. Q0 wird mit dem nächsten Takt zu 1, wenn J0 auf 1 gesetzt wird und K0 0 oder 1 (also x) ist. Im ersten Fall hat das Flipflop die Funktion *Setzen*, im zweiten die

lfd. Nr.	Feld-Nr.	t_n						t_{n+1}		
		Q2	Q1	Q0	J2 K2	J1 K1	J0 K0	Q2	Q1	Q0
1	0	0	0	0	0 x	0 x	1 x	0	0	1
2	1	0	0	1	0 x	1 x	x 0	0	1	1
3	3	0	1	1	0 x	x 0	x 1	0	1	0
4	2	0	1	0	1 x	x 0	0 x	1	1	0
5	6	1	1	0	x 0	x 0	1 x	1	1	1
6	7	1	1	1	x 0	x 1	x 0	1	0	1
7	5	1	0	1	x 0	0 x	x 1	1	0	0
8	4	1	0	0	x 1	0 x	0 x	0	0	0

Tabelle 3.7 Zustandsfolgetabelle für Gray Code-Zähler mit JK-FF

Funktion *Toggeln*. Die Spalte *Feld-Nr.* der Tabelle dient, wie üblich, als Gedankenstütze für die Eintragung in die KV-Tafeln und kann entfallen.

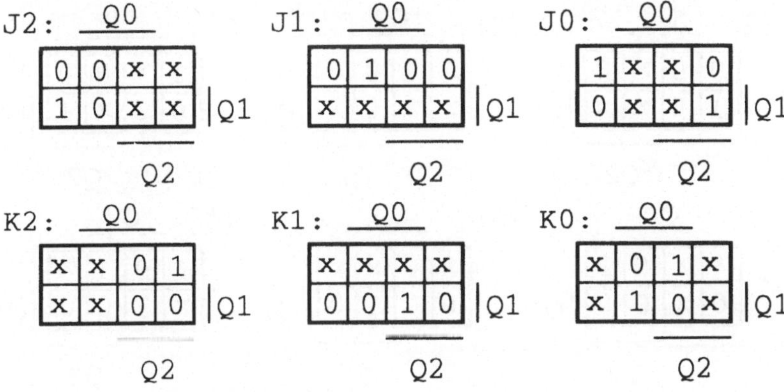

Bild 3.12 KV-Diagramme zur Ermittlung der Ansteuergleichungen

2. : Die Ansteuerfunktionen der einzelnen Zählstufen (Verwendung von JK-FF) werden mit Hilfe von KV-Tafeln (s. Bild 3.12) ermittelt. Für die einzelnen JK-Eingänge finden wir in den KV-Diagrammen folgende Vorbereitungsfunktionen:

$$J2 = Q1 \cdot \overline{Q0} \qquad J1 = \overline{Q2} \cdot Q0 \qquad J0 = \overline{Q2} \cdot \overline{Q1} + Q2 \cdot Q1$$
$$K2 = \overline{Q1} \cdot \overline{Q0} \qquad K1 = Q2 \cdot Q0 \qquad K0 = Q2 \cdot \overline{Q1} + \overline{Q2} \cdot Q1$$

3. : Bei D-Flipflops bleiben nur noch drei Funktionen (s. a. Bild 3.13). Sie werden ebenfalls aus Tabelle 3.7 entwickelt: Der Wert des D-Eingangs eines Flipflops vor der aktiven Taktflanke entspricht dem seines Ausgangs Q danach.

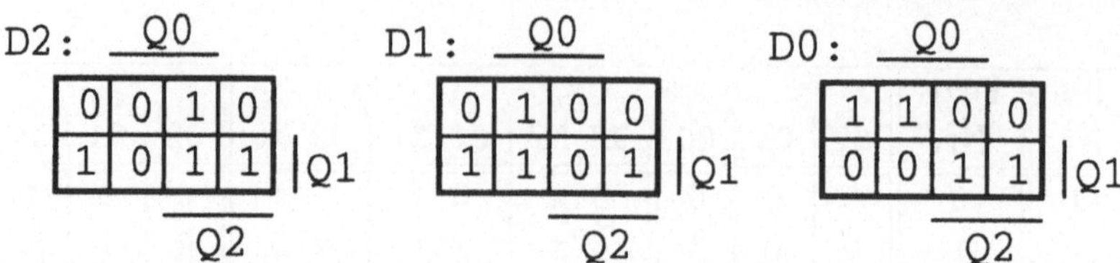

Bild 3.13 KV-Diagramme zur Ermittlung der D-FF-Ansteuerfunktion

$$D2 = Q1 \cdot \overline{Q0} + Q2 \cdot Q0$$
$$D1 = \overline{Q2} \cdot Q0 + Q1 \cdot \overline{Q0}$$
$$D0 = Q2 \cdot Q1 + \overline{Q2} \cdot \overline{Q1}$$

4. : Auch für die Realisierung mit RS-FFs geht der Weg von der Übergangstabelle mit den R- und S-Eingängen (nicht gezeigt) über KV-Tafeln (Bild 3.14) oder algebraische Minimierung zu den Ansteuerfunktionen. Die R- und S-Eingänge können ähnlich wie die J- und K-Eingänge in Tabelle 3.7 don't cares enthalten.

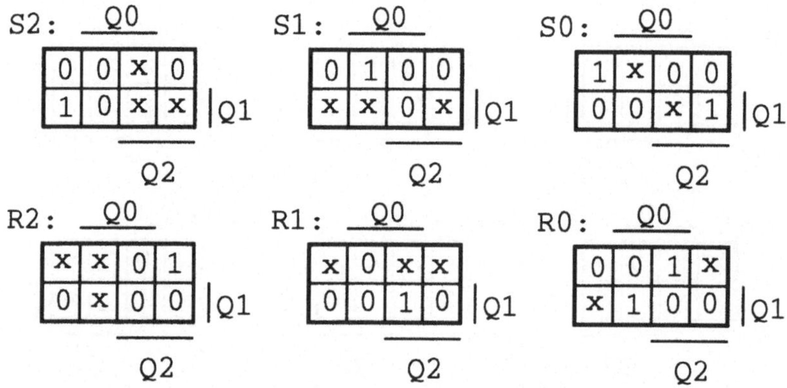

Bild 3.14 KV-Diagramme zur Ermittlung der RS-FF-Ansteuerfunktionen

$$S2 = Q1 \cdot \overline{Q0} \qquad S1 = \overline{Q2} \cdot Q0 \qquad S0 = \overline{Q2} \cdot \overline{Q1} + Q2 \cdot Q1$$
$$R2 = \overline{Q1} \cdot \overline{Q0} \qquad R1 = Q2 \cdot Q0 \qquad R0 = Q2 \cdot \overline{Q1} + \overline{Q2} \cdot Q1$$

3.9 Elektronischer Würfel

1. : Bei acht möglichen Kombinationen (2^3) für das LED–Schaltnetz ergibt sich Tabelle 3.8 mit 2 Pseudotriaden. Die beiden fehlerhaften Muster müssen auch wegen der Gleichverteilung der einzelnen Ziffern unterdrückt werden. Aus diesem Grund setzen wir einen Zähler ein, der nur sechs unterscheidbare Zustände kennt, z. B. den Johnson- oder Moebius-Zähler[1].

Z3	Z2	Z1	entspr. Ziffer	Kommentar
0	0	0	1	
0	0	1	3	*richtige* Drei
0	1	0	3	*falsche* Drei
0	1	1	5	
1	0	0	2	
1	0	1	4	*falsche* Kombination
1	1	0	4	
1	1	1	6	

Tabelle 3.8 Wahrheitstabelle für das LED–Schaltnetz

Im zugehörigen Zeitliniendiagramm ist zu erkennen, daß die FF-Ausgänge zu jedem diskreten Takt eine andere Ausgangskombination aufweisen. Der Übergang von den in [1] abgebildeten JK-Flipflops auf D-Flipflops ist insofern trivial, als sofort zu sehen ist, daß die FF-Ausgänge direkt auf die Eingänge der Folge-FF geschaltet sind.

lfd.	t_n			t_{n+1}						folg.
Zust.	D2	D1	D0	Q2	Q1	Q0	D2	D1	D0	Zust.
0	0	0	0	0	0	0	0	0	1	1
1	0	0	1	0	0	1	0	1	1	3
2	wird nicht erreicht									
3	0	1	1	0	1	1	1	1	1	7
4	1	0	0	1	0	0	0	0	0	0
5	wird nicht erreicht									
6	1	1	0	1	1	0	1	0	0	4
7	1	1	1	1	1	1	1	1	0	6

Tabelle 3.9 Zustandsfolgetabelle für D-FF-Würfel

2. : Die Zustandsfolgetabelle (3.9) für den Modulo 6-Zähler aus 3 D-Flipflops ist besonders leicht zu überblicken, da die Eingangssignale einen Takt später an den Ausgängen sind.

3. : Hieraus ergibt sich das Schaltbild (Bild 3.15): Durch die kreuzweise Rückführung von $\overline{\mathtt{Q2}}$ (d. i. der invertierte Ausgang von FF2) auf D0 liegt nach einem Reset an den Ausgängen Q0 bis Q2 jeweils 0 an und somit an D0 eine 1 und an D1 und D2 eine 0 .

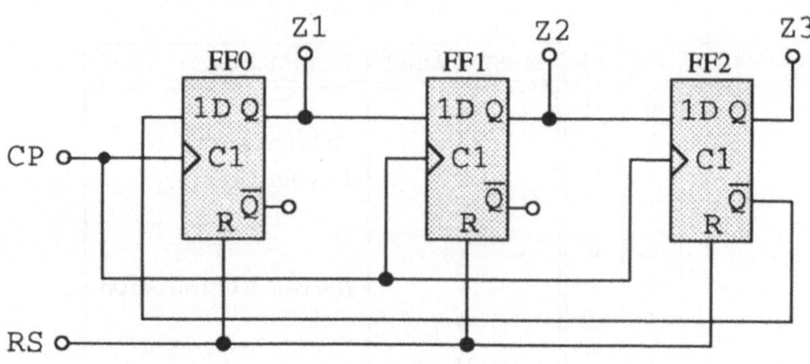

Bild 3.15 Moebius-Zähler mit drei D-Flipflops

Es ist keine Zusatzschaltung erforderlich: Da durch die fehlenden Bitmuster je FF eine 0 und eine 1 wegfallen, kann jeder Flipflopausgang Q direkt mit einem beliebigen Würfeleingang Z verbunden werden (eine Verbindung pro Ausgang), also z. B.

$$Z3 = Q2 \qquad Z2 = Q1 \qquad Z1 = Q0.$$

Der Reseteingang ist erforderlich: Stellt sich ohne Reset beim Einschalten zufällig das Bitmuster 010 ein, so toggelt der Zähler zwischen den Bitmustern 010 und 101 hin und her.

3.10 Synchronzähler

1. : 3 FF ($2^3 = 8 > 5$)

2. : Die erweiterte Übergangstabelle 3.10 kann sowohl für eine Realisierung mit D-Flipflops als auch für eine mit JK-FFs verwendet werden. Die drei Spalten für die J- und K-Eingänge werden im Rahmen der Aufgabenstellung zwar nicht benötigt, sie können jedoch zum Vergleich der Ergebnisse herangezogen werden.

3. : Die KV-Diagramme für D-Flipflops (Bild 3.16) erhält man aus der Übergangstabelle: Die Werte des Q-Vektors zum Zeitpunkt t_{n+1} sind identisch mit denen des D-Vektors zum Zeitpunkt t_n. Daraus lassen sich die drei KV-Diagramme erstellen und mit deren Hilfe die Übergangsgleichungen formulieren.

$$\begin{aligned}
Q2 &:= D2 = \overline{Q2} \cdot Q1 \cdot Q0 \\
Q1 &:= D1 = \overline{Q2} \cdot \overline{Q1} \cdot Q0 + \overline{Q2} \cdot Q1 \cdot \overline{Q0} \\
Q0 &:= D0 = \overline{Q2} \cdot \overline{Q0}
\end{aligned}$$

Stand	Q2	Q1	Q0	Q2	Q1	Q0	J2 K2	J1 K1	J0 K0
0	0	0	0	0	0	1	0 x	0 x	1 x
1	0	0	1	0	1	0	0 x	1 x	x 1
2	0	1	0	0	1	1	0 x	x 0	1 x
3	0	1	1	1	0	0	1 x	x 1	x 1
4	1	0	0	0	0	0	x 1	0 x	0 x
5	1	0	1	0	0	0	x 1	0 x	x 1
6	1	1	0	0	0	0	x 1	x 1	0 x
7	1	1	1	0	0	0	x 1	x 1	x 1
	t_n			t_{n+1}				t_n	

Tabelle 3.10 Übergangstabelle Synchronzähler

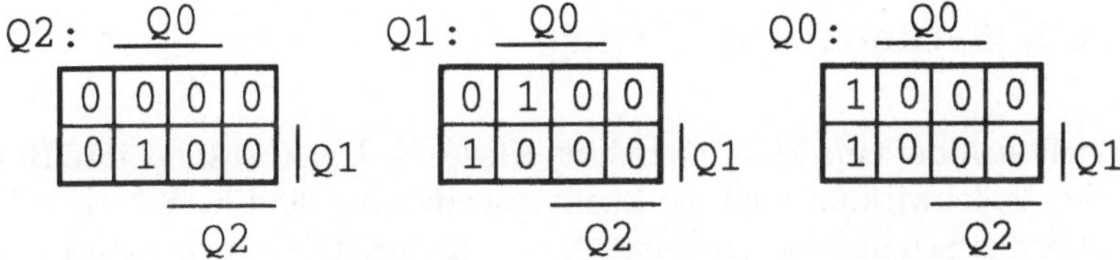

Bild 3.16 KV-Diagramme zur Minimierung mit D-Flipflops

4. : Aus der Übergangsgleichung $Q := J \cdot \overline{Q} + \overline{K} \cdot Q$ kann man ersehen, daß die Gleichungen der D-FFs teilweise umgeformt bzw. erweitert werden müssen, so daß sowohl Q als auch $\overline{Q}$ enthalten sind. Durch Koeffizientenvergleich kann man dann auf J und K schließen.

$$
\begin{aligned}
Q2 &:= \overline{Q2} \cdot Q1 \cdot Q0 = \overline{Q2} \cdot Q1 \cdot Q0 + Q2 \cdot \overline{Q2} &&\Rightarrow J2 = Q1 \cdot Q0 \quad \text{und} \quad K2 = Q2 \\
Q1 &:= \overline{Q2} \cdot \overline{Q1} \cdot Q0 + \overline{Q2} \cdot Q1 \cdot \overline{Q0} &&\Rightarrow J1 = \overline{Q2} \cdot \overline{Q0} \quad \text{und} \quad K1 = Q2 + Q0 \\
Q0 &:= \overline{Q2} \cdot \overline{Q0} &&\Rightarrow J0 = \overline{Q2} \quad \text{und} \quad K0 = Q0
\end{aligned}
$$

5. : Aus der Übergangsgleichung $Q := J \cdot \overline{Q} + \overline{K} \cdot Q$ des JK-FFs kann man sehen, daß J mit $\overline{Q}$ und K mit Q verknüpft ist. Man betrachtet in der KV-Tafel für D-FFs die jeweilige Hälfte. J wird ermittelt, indem man die Einsen im $\overline{Q}$-Feld zusammenfaßt und K, indem man dasselbe mit den Nullen im Q-Feld durchführt. Als Beispiel diene: $J2 = Q1Q0$ oder $K1 = Q2 + Q0$.

4 Programmierbare Logikbausteine und Zustandsmaschinen

4.1 Signalsteuerung

Die Lösung der Signalaufgabe ist bereits in der Aufgabenstellung behandelt (Musterlösung zum Kapitel Programmierbare Logikbausteine und Zustandsmaschinen).

4.2 PKW-Innenbeleuchtung

Es handelt sich um eine Mooremaschine Klasse B. Die Zustände, ihre Beschreibung, die Außenwirkung und die Zustandscodierung sind in Tabelle 4.1 angegeben. Da das Schaltwerk nur mit `CLK` = 1 Hz getaktet wird, kann t_1 durch 6 Zustände überbrückt werden.

ZS	Bezeichnung	Ausgangssignal LICHT	Codierung Z2	Z1	Z0
1	Tür zu, Licht aus	0	0	0	0
2	Tür auf, Licht an	1	0	0	1
3	Tür zu, Licht an, 1. Takt	1	0	1	0
4	Tür zu, Licht an, 2. Takt	1	0	1	1
5	Tür zu, Licht an, 3. Takt	1	1	0	0
6	Tür zu, Licht an, 4. Takt	1	1	0	1
7	Tür zu, Licht an, 5. Takt	1	1	1	0
8	Tür zu, Licht an, 6. Takt	1	1	1	1

Tabelle 4.1 Zustände des Systems und Außenwirkung;
ZS: Zustand; `Z[2..0]`: Zustandsflipflops

Bild 4.1 zeigt das Zustandsdiagramm und Tabelle 4.2 die Übergangstabelle.

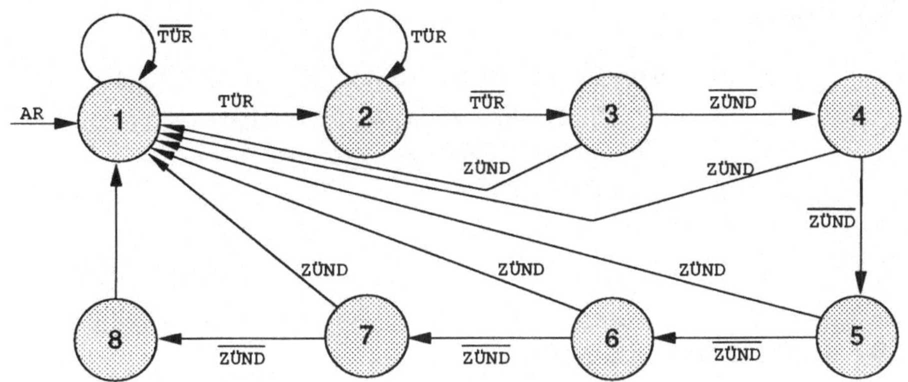

Bild 4.1 Zustandsdiagramm PKW-Innenbeleuchtung

ZS	X		Z			FZ	Z			M	Bemerkung
	ZÜND	TÜR	Z2	Z1	Z0		Z2	Z1	Z0	LICHT	
1	-	0	0	0	0	1	0	0	0	0	Türen zu, Licht aus
1	-	1	0	0	0	2	0	0	1	1	eine Tür öffnet, Licht an
2	-	1	0	0	1	2	0	0	1	1	Warten bis alle Türen geschl.
2	-	0	0	0	1	3	0	1	0	1	alle Türen geschlossen
3	0	-	0	1	0	4	0	1	1	1	→ 4, kein Zündsignal
3	1	-	0	1	0	1	0	0	0	0	→ 0, da Zündsignal
4	0	-	0	1	1	5	1	0	0	1	→ 5, kein Zündsignal
4	1	-	0	1	1	1	0	0	0	0	→ 0, da Zündsignal
5	0	-	1	0	0	6	1	0	1	1	→ 6, kein Zündsignal
5	1	-	1	0	0	1	0	0	0	0	→ 0, da Zündsignal
6	0	-	1	0	1	7	1	1	0	1	→ 7, kein Zündsignal
6	1	-	1	0	1	1	0	0	0	0	→ 0, da Zündsignal
7	0	-	1	1	0	8	1	1	1	1	→ 8, kein Zündsignal
7	1	-	1	1	0	1	0	0	0	0	→ 0, da Zündsignal
8	-	-	1	1	1	1	0	0	0	0	→ 1 immer
t_n						t_{n+1}					Zeitpunkt

Tabelle 4.2 Übergangstabelle PKW-Innenbeleuchtung;
ZS, X, Z, FZ, M, t_n, t_{n+1}: s. Tabellen 4.3 und 4.5 (Teil I)

Aus der Übergangstabelle kann man die folgenden minimierten Gleichungen berechnen:

$$\begin{aligned}
\mathtt{Z2} &:= \overline{\mathtt{ZÜND}} \cdot \overline{\mathtt{Z2}} \cdot \mathtt{Z1} \cdot \mathtt{Z0} + \overline{\mathtt{ZÜND}} \cdot \mathtt{Z2} \cdot \overline{\mathtt{Z1}} + \overline{\mathtt{ZÜND}} \cdot \mathtt{Z2} \cdot \overline{\mathtt{Z0}} \\
\mathtt{Z1} &:= \overline{\mathtt{TÜR}} \cdot \overline{\mathtt{Z2}} \cdot \overline{\mathtt{Z1}} \cdot \mathtt{Z0} + \overline{\mathtt{ZÜND}} \cdot \mathtt{Z1} \cdot \overline{\mathtt{Z0}} + \overline{\mathtt{ZÜND}} \cdot \mathtt{Z2} \cdot \overline{\mathtt{Z1}} \cdot \mathtt{Z0} \\
\mathtt{Z0} &:= \overline{\mathtt{ZÜND}} \cdot \mathtt{Z2} \cdot \overline{\mathtt{Z0}} + \overline{\mathtt{ZÜND}} \cdot \mathtt{Z1} \cdot \overline{\mathtt{Z0}} + \overline{\mathtt{TÜR}} \cdot \overline{\mathtt{Z2}} \cdot \overline{\mathtt{Z1}} \\
\mathtt{LICHT} &= \mathtt{Z2} + \mathtt{Z1} + \mathtt{Z0}
\end{aligned}$$

4.3 Lichtbandsteuerung

Auch hier handelt es sich um eine Mooremaschine Klasse B. Da die Richtung des Laufbandes berücksichtigt werden muß, sind die Zustände 2 und 6 bzw. 3 und 5 nicht identisch. L1, L8 bzw. L4, L5 dürfen bei jedem Durchgang nur einmal leuchten, da sonst der Eindruck entsteht, daß das Band für einen Takt *stehen* bleibt (Tabelle 4.3).

ZS	Bezeichnung	Codierung Z2	Z1	Z0
0	alle Lampen aus	0	0	0
1	L1, L8 leuchten	0	0	1
2	L2, L7 leuchten	0	1	0
3	L3, L6 leuchten	0	1	1
4	L4, L5 leuchten	1	0	0
5	L6, L3 leuchten	1	0	1
6	L7, L2 leuchten	1	1	0

Tabelle 4.3 Zustandsdefinitionen und -codierung der Lichtbandsteuerung; ZS: Zustand

Aus den in Bild 4.10 von Teil I angegebenen Phasen geht hervor, daß L1 und L8, L2 und L7, L3 und L6 sowie L4 und L5 immer gemeinsam geschaltet werden. Die Lampen können also paarweise durch ein gemeinsames Ausgangssignal des Decoders angesteuert werden. Die minimierten Gleichungen der Zustandsflipflops berücksichtigen, daß der Zustandscode 1 1 1 nicht vorkommt und setzen ihn als don't care, siehe hierzu auch die allgemeinen Ausführungen auf Seite 37! Wäre die Schaltung mit einem synchronen Reset versehen, so müßte auch für dieses Bitmuster des Z-Vektors ein Übergang nach Zustand 0 definiert werden, um den Fall zu erfassen, daß sich beim Einschalten zufällig dieser Codevektor ergibt.

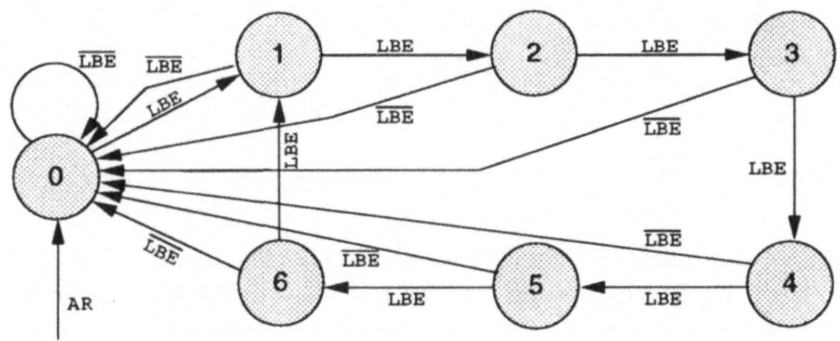

Bild 4.2 Zustandsdiagramm Lichtbandsteuerung

ZS	X	Z			FZ	Z			Bemerkung
	LBE	Z2	Z1	Z0		Z2	Z1	Z0	
0 - 6	0	-	-	-	0	0	0	0	alle Lampen aus
0	1	0	0	0	1	0	0	1	→ L1, L8
1	1	0	0	1	2	0	1	0	→ L2, L7
2	1	0	1	0	3	0	1	1	→ L3, L6
3	1	0	1	1	4	1	0	0	→ L4, L5
4	1	1	0	0	5	1	0	1	→ L6, L3
5	1	1	0	1	6	1	1	0	→ L7, L2
6	1	1	1	0	1	0	0	1	→ L1, L8
t_n					t_{n+1}				Zeitpunkt

Tabelle 4.4 Übergangstabelle Lichtbandsteuerung; ZS: momentaner Zustand; X: Eingangsvektor; Z: Zustandsvektor; FZ: Folgezustand; Y: Ausgangsvektor; t_n, t_{n+1}: siehe Tabelle 4.3 in Teil I

Bild 4.2 zeigt das Zustandsdiagramm des Schaltwerks und Tabelle 4.4 die Übergangstabelle. Aus ihr lassen sich die folgenden minimierten Gleichungen entwickeln:

$$\mathtt{Z2} := \mathtt{LBE} \cdot \mathtt{Z1} \cdot \mathtt{Z0} + \mathtt{LBE} \cdot \mathtt{Z2} \cdot \overline{\mathtt{Z1}}$$

$$\mathtt{Z1} := \mathtt{LBE} \cdot \overline{\mathtt{Z2}} \cdot \mathtt{Z1} \cdot \overline{\mathtt{Z0}} + \mathtt{LBE} \cdot \overline{\mathtt{Z1}} \cdot \mathtt{Z0}$$

$$\mathtt{Z0} := \mathtt{LBE} \cdot \overline{\mathtt{Z0}}$$

$$\mathtt{L1} = \mathtt{L8} = \overline{\mathtt{Z2}} \cdot \overline{\mathtt{Z1}} \cdot \mathtt{Z0}$$

$$\text{L2} = \text{L7} = \text{Z1} \cdot \overline{\text{Z0}}$$
$$\text{L3} = \text{L6} = \text{Z1} \cdot \text{Z0} + \text{Z2} \cdot \text{Z0}$$
$$\text{L4} = \text{L5} = \text{Z2} \cdot \overline{\text{Z1}} \cdot \overline{\text{Z0}}$$

4.4 Zähler mit verschiedenen Flipfloptypen

1. Die Zustandsnummern entsprechen den Zählerständen, und die Übergänge sind einfach zu überschauen, so daß auf die Angabe des Zustandsdiagramms verzichtet wird. Der Zähler wird als Mooremaschine Klasse C (siehe Bild 4.5 in Teil I) realisiert; die Flipflops sind gleichzeitig Ausgänge. Tabelle 4.5 enthält in Spalte T zusätzlich zu den übrigen

ZS	X	Q			T			FZ	Q			Bemerkung
	S1	Q2	Q1	Q0	T2	T1	T0		Q2	Q1	Q0	
0	0	0	0	0	1	1	0	6	1	1	0	rückwärts
1	0	0	0	1	1	1	0	7	1	1	1	
2	0	0	1	0	0	1	0	0	0	0	0	
3	0	0	1	1	0	1	0	1	0	0	1	
4	0	1	0	0	1	1	0	2	0	1	0	
5	0	1	0	1	1	1	0	3	0	1	1	
6	0	1	1	0	0	1	0	4	1	0	0	
7	0	1	1	1	0	1	0	5	1	0	1	
0	1	0	0	0	0	1	0	2	0	1	0	vorwärts
1	1	0	0	1	0	1	0	3	0	1	1	
2	1	0	1	0	1	1	0	4	1	0	0	
3	1	0	1	1	1	1	0	5	1	0	1	
4	1	1	0	0	0	1	0	6	1	1	0	
5	1	1	0	1	0	1	0	7	1	1	1	
6	1	1	1	0	1	1	0	0	0	0	0	
7	1	1	1	1	1	1	0	1	0	0	1	
t_n								t_{n+1}				Zeitpunkt

Tabelle 4.5 Übergangstabelle der Zähler mit verschiedenen Flipfloptypen; t_n, t_{n+1}: siehe Tabelle 4.3 in Teil I

Übergangstabellen den Logikpegel der Flipflopeingänge bei einer Realisierung mit T-Flipflops. Er wird aus den Eingangsvariablen (`S1`, `Q[2..0]`) und den Pegeln der Flipflopausgänge zum Zeitpunkt t_{n+1} ermittelt. Ein

T-Flipflopeingang wird gesetzt, wenn das Flipflop mit der nächsten Flanke kippen soll.

$$\begin{aligned} \texttt{Q2} &:= \texttt{Q2.D} = \texttt{S1}\cdot\overline{\texttt{Q2}}\cdot\texttt{Q1}+\texttt{S1}\cdot\texttt{Q2}\cdot\overline{\texttt{Q1}}+\overline{\texttt{S1}}\cdot\overline{\texttt{Q2}}\cdot\overline{\texttt{Q1}}+\overline{\texttt{S1}}\cdot\texttt{Q2}\cdot\texttt{Q1} \\ \texttt{Q1} &:= \texttt{Q1.D} = \overline{\texttt{Q1}} \\ \texttt{Q0} &:= \texttt{Q0.D} = \texttt{Q0} \end{aligned}$$

Flipflop Q1 toggelt und Flipflop Q0 bleibt unverändert. Da der Zähler immer nur um 2 inkrementiert oder dekrementiert, darf sich das letzte Bit nicht ändern. Die Gleichung für Q2 kann man so umformen, daß sie der Übergangsgleichung eines T-Flipflops entspricht und daraus T2 bestimmen: $\texttt{Q2} := \overline{\texttt{Q2}}\cdot(\texttt{S1}\odot\texttt{Q1})+\texttt{Q2}\cdot(\texttt{S1}\oplus\texttt{Q1})$, also $\texttt{T2} = \texttt{S1}\odot\texttt{Q1}$. Ebenso lassen sich die Ansteuergleichungen der T-Flipflops aus der Tabelle 4.5 ermitteln[1]. T1 toggelt immer, T0 bleibt unverändert; sie werden daher mit konstantem logischen Signal 1 bzw. 0 angesteuert. Je nach anfänglichem Wert kann Q0 aber 0 oder 1 sein.

$$\begin{aligned} \texttt{Q2.T} &= \texttt{T2} = \texttt{S1}\cdot\texttt{Q1}+\overline{\texttt{S1}}\cdot\overline{\texttt{Q1}} \\ \texttt{Q1.T} &= \texttt{T1} = 1 \\ \texttt{Q0.T} &= \texttt{T0} = 0 \end{aligned}$$

2. Es handelt sich um einen einfachen Multiplexer, der durch S2 zwischen dem Ausgang des Schaltnetzes 1 (D-Flipfloprealisierung) und dem Paralleleingang P umschaltet.

3. Die Parallelladefunktion ist nicht möglich, da die Ansteuerung des T-Flipflops vom momentanen Zustand abhängt. Eine log. 1 an einem P-Eingang bewirkt, daß das Flipflop kippt; abhängig vom Vorzustand wird also eine 1 oder eine 0 erzeugt. Prinzipiell läßt sich die Parallelladefunktion mit T-Flipflops auch realisieren, wenn die P-Eingänge und S2 in die Eingangsmatrix geführt und dort ausgewertet werden.

T-Flipflops sind ebenso wie D-Flipflops zur Realisierung von Zustandsmaschinen geeignet; auch eine gemischte Verwendung beider Typen ist möglich. Es lohnt sich immer, bei Produkttermbegrenzung den Einsatz von T-Flipflops zu testen. Gewisse Vorsicht ist dann allerdings bei gleichzeitiger Verwendung von don't care geboten: Um das Flipflop definiert auf 0 oder 1 setzen zu können, muß der Zustand vor der aktiven Taktflanke bekannt sein!

[1] Die Bezeichnung Q2.D bzw. Q2.T kennzeichnen den D- bzw. T-Eingang eines D- bzw. eines T-Flipflops

4.5 Schwesternruf in einem Krankenzimmer

ZS	Bezeichnung	Codierung			Außenwirkung			
		Z2	Z1	Z0	EXTAL	ROT	GELB	TON
0	kein Alarm, Schwester nicht da	0	0	0	0	0	0	0
1	Alarm, Warten auf Schwester	0	0	1	1	1	0	1
2	Schwester gekommen, Ende AWT abwarten	0	1	0	0	0	1	0
3	Schwester anwesend	0	1	1	0	0	1	0
4	Schwester anwesend, externer Alarm	1	0	0	0	0	1	1
5	Schwester verläßt Zimmer, Ende AWT abwarten	1	0	1	0	0	0	0

Tabelle 4.6 Zustandsdefinitionen Schwesternruf, Codierung und Außenwirkung; ZS: Zustand

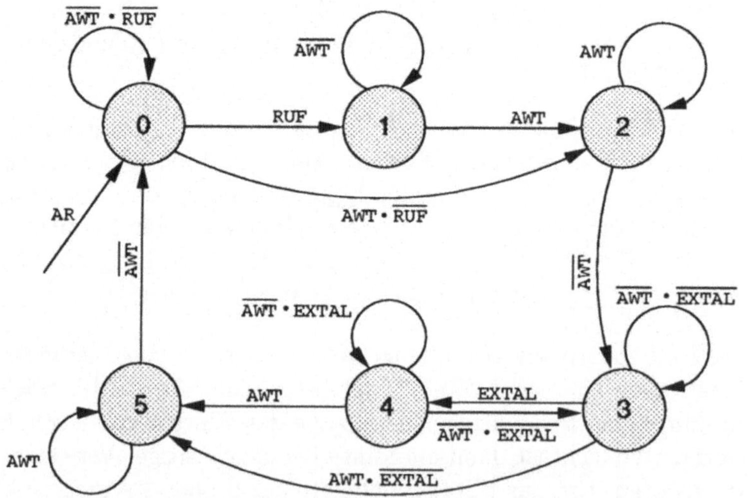

Bild 4.3 Zustandsdiagramm Schwesternruf; **AR**: asynchrones Resetsignal; **AWT**: Anwesenheitstastsignal; **RUF**: Ruftastsignal; **EXTAL**: externes Alarmsignal (Eingang)

In den Zuständen 2 und 5 (Tabelle 4.6) wird das Loslassen des Anwesenheitstasters abgewartet. Ein von außen gegebener Alarm (`EXTAL` = `1`) dauert i. d. Regel länger an, so daß kein direkter Übergang 2 → 4 erforderlich ist. Ein zuvor extern wieder zurückgenommener Alarm bedeutet, daß eine Schwester in dem Zimmer, in dem der Alarm ausgelöst wurde, den Anwesenheitstaster gedrückt hat – der Patient ist versorgt.

ZS	X			Z			FZ	Z			Bemerkung
	RUF	AWT	EXTAL	Z2	Z1	Z0		Z2	Z1	Z0	
0	0	0	-	0	0	0	0	0	0	0	Haltefunktion
0	1	-	-	0	0	0	1	0	0	1	0→1, Zimmeralarm
0	0	1	-	0	0	0	2	0	1	0	0→2, Schwester kommt
1	-	0	-	0	0	1	1	0	0	1	Haltefunktion
1	-	1	-	0	0	1	2	0	1	0	1→2, Schwester kommt
2	-	1	-	0	1	0	2	0	1	0	Haltefunktion
2	-	0	-	0	1	0	3	0	1	1	2→3, Schwester anwesend
3	-	0	0	0	1	1	3	0	1	1	Haltefunktion
3	-	-	1	0	1	1	4	1	0	0	3→4, Schwester anwesend, `EXTAL`
3	-	1	0	0	1	1	5	1	0	1	3→5, Schwester geht
4	-	0	1	1	0	0	4	1	0	0	Haltefunktion
4	-	0	0	1	0	0	3	0	1	1	4→3, `EXTAL` zurückgenommen
4	-	1	-	1	0	0	5	1	0	1	4→5, Schwester geht
5	-	1	-	1	0	1	5	1	0	1	Haltefunktion
5	-	0	-	1	0	1	0	0	0	0	5→0, → Ruhezustand
t_n							t_{n+1}				Zeitpunkt

Tabelle 4.7 Übergangstabelle Schwesternruf; ZS: momentaner Zustand; `X`: Eingangsvektor; `Z`: Zustandsvektor; FZ: Folgezustand; t_n, t_{n+1}: s. Tabelle 4.3 in Teil I

Mit Hilfe der aus dem Zustandsdiagramm Bild 4.3 und der Zustandstabelle 4.6 entwickelten Übergangstabelle 4.7 können die Gleichungen der Zustandsflipflops der Mooremaschine Klasse B entwickelt werden. Die angegebene Lösung nutzt die nicht vorkommenden Codevektoren `110` und `111` als don't care-Felder aus (siehe Seite 37).

$$\begin{aligned} \mathtt{Z2} &:= \mathtt{EXTAL}\cdot\mathtt{Z1}\cdot\mathtt{Z0} + \mathtt{AWT}\cdot\mathtt{Z1}\cdot\mathtt{Z0} + \mathtt{EXTAL}\cdot\mathtt{Z2}\cdot\overline{\mathtt{Z0}} + \mathtt{AWT}\cdot\mathtt{Z2} \\ \mathtt{Z1} &:= \mathtt{AWT}\cdot\overline{\mathtt{RUF}}\cdot\overline{\mathtt{Z2}}\cdot\overline{\mathtt{Z0}} + \mathtt{AWT}\cdot\overline{\mathtt{Z2}}\cdot\overline{\mathtt{Z1}}\cdot\mathtt{Z0} + \mathtt{Z1}\cdot\overline{\mathtt{Z0}} \\ &\quad + \overline{\mathtt{AWT}}\cdot\overline{\mathtt{EXTAL}}\cdot\mathtt{Z1} + \overline{\mathtt{AWT}}\cdot\overline{\mathtt{EXTAL}}\cdot\mathtt{Z2}\cdot\overline{\mathtt{Z0}} \end{aligned}$$

$$\begin{aligned} \texttt{Z0} \;&:=\; \texttt{AWT}\cdot\overline{\texttt{Z2}}\cdot\overline{\texttt{Z1}}\cdot\texttt{Z0}+\overline{\texttt{AWT}}\cdot\texttt{Z1}\cdot\overline{\texttt{Z0}}+\overline{\texttt{EXTAL}}\cdot\texttt{Z1}\cdot\texttt{Z0} \\ &\quad+\overline{\texttt{EXTAL}}\cdot\texttt{Z2}\cdot\overline{\texttt{Z0}}+\texttt{AWT}\cdot\texttt{Z2}+\texttt{RUF}\cdot\overline{\texttt{Z2}}\cdot\overline{\texttt{Z1}}\cdot\overline{\texttt{Z0}} \end{aligned}$$

Der Ausgangsdecoder kann direkt aus der Zustandstabelle 4.6 bestimmt werden:

$$\begin{aligned} \texttt{EXTAL} &= \overline{\texttt{Z2}}\cdot\overline{\texttt{Z1}}\cdot\texttt{Z0} \\ \texttt{ROT} &= \overline{\texttt{Z2}}\cdot\overline{\texttt{Z1}}\cdot\texttt{Z0} \\ \texttt{GELB} &= \texttt{Z1}+\texttt{Z2}\cdot\overline{\texttt{Z0}} \\ \texttt{TON} &= \overline{\texttt{Z2}}\cdot\overline{\texttt{Z1}}\cdot\texttt{Z0}+\texttt{Z2}\cdot\overline{\texttt{Z0}} \end{aligned}$$

4.6 Straßenbahntür

1. Mooremaschine Klasse A, Bild 4.13 in Teil I läßt auch einen Automaten vom Typ C zu.

2. Zustandsdefinitionen, siehe Tabelle 4.8!

ZS	Bezeichnung	Außenwirkung			
		AUF	MOT_EIN	ANZ_ZUG	ANZ_TUER
0	Ruhezustand, Bahn fährt oder steht	0/1	0	0	0
1	Halten angefordert	1	0	1	0
2	Tür öffnet	1	1	0	0/1
3	Tür offen	0	0	0	0/1
4	Tür schließt	0	1	0	1
5	Anforderung an anderer Tür	1	0	0	1

Tabelle 4.8 Zustände der Straßenbahntürsteuerung und Außenwirkung; ZS: Zustand; alle Signale sind in der Aufgabenstellung definiert; 0/1: 0 oder 1 (don't care)

3. 3 Flipflops für die Zustandscodierung + 4 Flipflops für die Ausgangssignale = 7 Flipflops. An den Ausgangssignalen in Tabelle 4.8 kann man erkennen, daß auch eine Mooremaschine vom Typ C mit insgesamt 4 Flipflops möglich ist. Wählt man einen asynchronen Reset, so muß im Ruhezustand `AUF` = `0` oder im Zustand 3 `ANZ_TUER` = `1` erzeugt werden, damit die Codierung eindeutig ist. Bei einer Mooremaschine Klasse C mit synchronem Reset können `AUF` = `1` (Zustand 0) und `ANZ_TUER` = `0` (Zustand 3) bleiben. Allerdings ist dann die Zustandstabelle so zu ergänzen, daß beim Reset die nicht definierten Bitmuster des Ausgangsvektors (das sind dann undefinierte Zustände) mit dem nächsten Takt in den Vektor des Resetzustandes überführt werden. Im folgenden wird von einer Typ A-Maschine ausgegangen.

4. Zustandsdiagramm, siehe Bild 4.4!

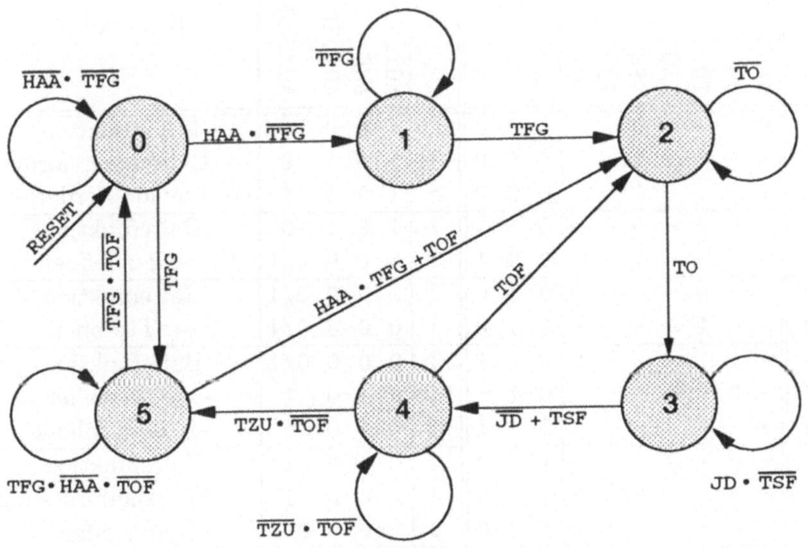

Bild 4.4 Zustandsdiagramm Straßenbahntür für eine FSM mit asynchronem Reset; alle Signale sind in der Aufgabenstellung definiert

Man kann das Zustandsdiagramm noch um Feinheiten erweitern, wie z. B. das `TOF`-Signal bei schließender Tür oder um einen Zustand, der dem Fahrer gestattet, bei heißem Sommerwetter an der Endstation die Tür dauernd geöffnet zu halten.

5. Wir wählen eine Binärcodierung (Zustand 0 $\hat{=}$ `000`, Zustand 5 $\hat{=}$ `101`). Sie kann unabhängig davon sein, ob man einen synchronen oder asynchronen

Reset wählt. Da man beim synchronen Reset das Zustandsdiagramm um das RESET-Signal erweitern muß, entscheiden wir uns für einen asynchronen Reset.

6. Die Tür kann mit HAA = 1 geöffnet werden.

7. Übergangstabelle, siehe Bild 4.9! Die Angabe 0/1 in einzelnen Zeilen läßt auf don't care schließen; hier sollte man sich jedoch überlegen, ob man beide Varianten zuläßt, oder ob man sich nicht besser einheitlich für eine 0 **oder** eine 1 entscheidet. Es ist sonst prinzipiell möglich, daß beim Öffnen der Tür ANZ_TUER einmal gesetzt und, beim Übergang aus einem anderen Zustand, einmal nicht gesetzt wird.

ZS	X							Z			FZ	M				Bemerkung
	HAA	JD	TO	TZU	TFG	TOF	TSF	Z2	Z1	Z0		MOT_EIN	AUF	ANZ_ZUG	ANZ_TUER	
0	0	-	-	-	0	-	-	0	0	0	0	1	0	0	0	Haltefunktion
0	1	-	-	-	0	-	-	0	0	0	1	1	0	1	0	→ Halten angefordert
0	1	-	-	-	1	-	-	0	0	0	5	1	0	0	1	→ Fremdanforderung
1	-	-	-	-	0	-	-	0	0	1	1	1	0	1	0	Haltefunktion
1	-	-	-	-	1	-	-	0	0	1	2	1	0	0	0/1	→ Tür öffnet
2	-	-	0	-	-	-	-	0	1	0	2	1	0	0	0/1	Haltefunktion
2	-	-	1	-	-	-	-	0	1	0	3	0	0	0	0/1	→ Tür offen
3	-	1	-	-	-	-	0	0	1	1	3	0	0	0	0/1	Haltefunktion
3	-	0	-	-	-	-	-	0	1	1	4	0	1	0	1	→ Tür schließt
3	-	-	-	-	-	-	1	0	1	1	4	0	1	0	1	→ Tür schließt
4	-	-	-	0	-	0	-	1	0	0	4	0	1	0	1	Haltefunktion
4	-	-	-	1	-	0	-	1	0	0	5	1	0	0	1	→ Fremdanforderung
4	-	-	-	-	-	1	-	1	0	0	2	1	0	0	0/1	Fahrer öffnet
5	0	-	-	-	1	0	-	1	0	1	5	1	0	0	1	Haltefunktion
5	-	-	-	-	0	0	-	1	0	1	0	1	0	0	0	→ Ruhezustand
5	1	-	-	-	1	-	-	1	0	1	2	1	1	0	0/1	→ Tür öffnet
5	-	-	-	-	-	1	-	1	0	1	2	1	1	0	0/1	→ Tür öffnet
	t_n										t_{n+1}					Zeitpunkt

Tabelle 4.9 Übergangstabelle Straßenbahntürsteuerung; ZS: momentaner Zustand; X: Eingangsvektor; Z: Zustandsvektor; M: Vektor der Moorevariablen; FZ: Folgezustand; t_n, t_{n+1}: siehe Tabelle 4.3 in Teil I

4.7 PKW-Alarmanlage

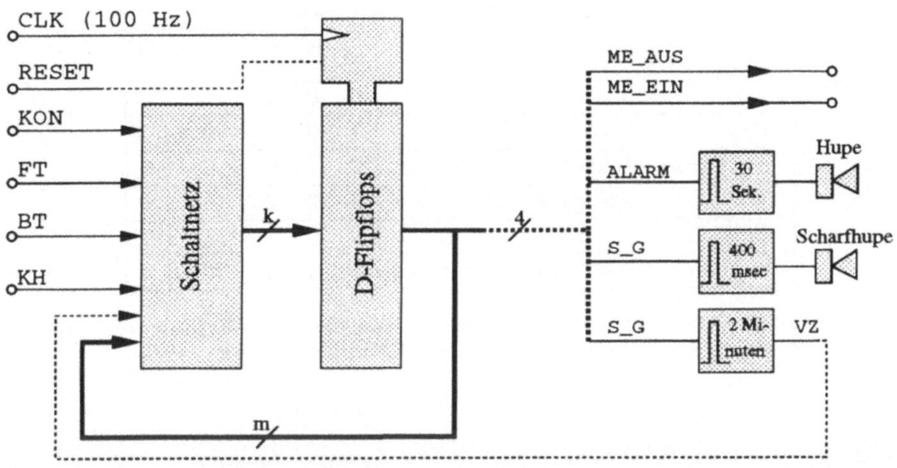

Bild 4.5 Schaltwerk einer PKW-Alarmanlage

1. Im Prinzip sind Mealy- und Mooremaschine gleichwertig einsetzbar, lediglich für die Signale ME_EIN und ME_AUS ist gefordert, daß sie genau eine Taktperiode lang sind. Dies kann wahlweise dadurch erfolgen, daß man sie zu Moorevariablen deklariert oder daß sie außerhalb der Mealymaschine über ein Flipflop erzeugt werden. Für die weitere Beschreibung wird die in Bild 4.5 gezeigte Mooremaschine angenommen.

2. Alle Türen- und Haubenschalter liegen in Reihe (logisches UND).

3. Tabelle 4.10 enthält die Definitionen der unterscheidbaren Zustände und die logischen Werte der Ausgangsvariablen.

4. Es werden 7 Flipflops benötigt, 3 für die Zustandscodierung und 4 für die Moorevariablen (Mooremaschine Typ A). Besser ist eine Realisierung als Mooremaschine Klasse C mit dem Zusatzflipflop Z0 in Tabelle 4.10 zur Unterscheidung der Zustände 0 und 3, die identische Ausgangsvektoren haben. In diesem Fall werden nur 5 Flipflops benötigt.

5. Das Zustandsdiagramm ist in Bild 4.6 gezeichnet. Während der *Vorschärfe* kann durch Öffnen der Tür das Scharfwerden der Anlage verhindert werden. Will man zusätzlich den Fall berücksichtigen, daß das Schlüsselsignal wieder zurückgenommen wird (z. B. FT = 0) obwohl noch nicht alle Türen geschlossen sind, so muß ein weiterer Zustand vorgesehen werden (System geschaltet, Türen noch offen). Dieser Fall tritt ein, wenn z. B. der

ZS	Bezeichnung	Außenwirkung				
		S_G	ME_AUS	ME_EIN	ALARM	ZO
0	Ruhezustand	0	0	0	0	0
1	Vorschärfe	1	0	0	0	0
2	Motorelektronik abschalten	0	1	0	0	0
3	Anlage scharf	0	0	0	0	1
4	Alarm	0	0	0	1	0
5	Motorelektronik einschalten	0	0	1	0	0

Tabelle 4.10 Zustände der PKW-Alarmanlage und Außenwirkung; ZS Zustand, Signalbezeichnungen gemäß Aufgabenstellung

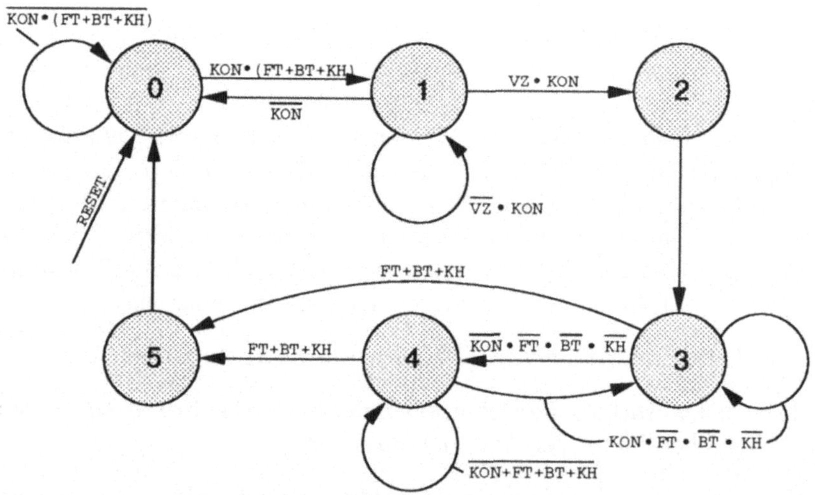

Bild 4.6 Zustandsdiagramm PKW-Alarmanlage für eine FSM mit asynchronem Reset; alle Signale sind in der Aufgabenstellung definiert

Fahrer die Tür schon abschließt, obwohl noch nicht alle Fahrgäste ausgestiegen sind (Zentralverriegelung!). Der Übergang 4 → 5 erlaubt das Entschärfen des Systems im Alarmzustand. Das 30 Sek.-Alarmmonoflop wird damit nicht zurückgesetzt, und man muß das Ende des Huptons abwarten. Es wäre vorteilhaft, das Monoflop über ein zusätzliches Resetsignal anzusteuern, das in allen Zuständen außer 3 und 4 gesetzt ist.

6. Bei einer FSM vom Typ Moore Klasse A wird eine Binärcodierung gewählt, bei der Klasse C-Maschine wird zusätzlich zu den Moorevariablen das in Tabelle 4.10 in der letzten Spalte angegebene ZO-Flipflop zur Codierung herangezogen.

   Der asynchrone Reset wird bevorzugt, er vereinfacht das Zustandsdiagramm und die Übergangsgleichungen. Ein synchroner Reset ist im vorliegenden Fall logisch gleichwertig.

7. m = 3, zusätzlich das VZ-Signal des Monoflops

8. Wenn die Motorelektronik den Zustand (eingeschaltet - abgeschaltet) speichert, kann sie nur durch die Alarmanlage aktiviert werden. Die definierte Zeitdauer verhindert eine Aktivierung per Schraubendreher, Umklemmen von Anschlüssen oder ähnliches.

9. Die Übergangstabelle für die Lösung als Mooremaschine Klasse C ist in Tabelle 4.11 angegeben. Man beachte, daß die meisten Bitmuster des Z-Vektors nicht vorkommen! Beim Einschalten kann sich prinzipiell jedes mögliche Bitmuster ergeben, für das keine Übergänge angegeben sind. Das einwandfreie Anlaufen der Schaltung kann nur gesichert werden, wenn der Reset asynchron erfolgt. Bei einem synchronen Reset muß die Übergangstabelle wesentlich erweitert werden: Alle möglichen Bitmuster (Zustände) einschließlich der hier nicht benötigten müssen in den Grundzustand überführt werden! Aus der Übergangstabelle 4.11 können die folgenden minimierten Gleichungen entwickelt werden:

$$
\begin{aligned}
\mathtt{S\_G} &:= \overline{\mathtt{VZ}}\cdot\mathtt{KON}\cdot\mathtt{S\_G}\\
&\quad +\mathtt{BT}\cdot\mathtt{KON}\cdot\overline{\mathtt{S\_G}}\cdot\overline{\mathtt{ME\_AUS}}\cdot\overline{\mathtt{ME\_EIN}}\cdot\overline{\mathtt{ALARM}}\cdot\overline{\mathtt{ZO}}\\
&\quad +\mathtt{FT}\cdot\mathtt{KON}\cdot\overline{\mathtt{S\_G}}\cdot\overline{\mathtt{ME\_AUS}}\cdot\overline{\mathtt{ME\_EIN}}\cdot\overline{\mathtt{ALARM}}\cdot\overline{\mathtt{ZO}}\\
&\quad +\mathtt{KH}\cdot\mathtt{KON}\cdot\overline{\mathtt{S\_G}}\cdot\overline{\mathtt{ME\_AUS}}\cdot\overline{\mathtt{ME\_EIN}}\cdot\overline{\mathtt{ALARM}}\cdot\overline{\mathtt{ZO}}\\
\mathtt{ME\_AUS} &:= \mathtt{VZ}\cdot\mathtt{KON}\cdot\mathtt{S\_G}\\
\overline{\mathtt{ME\_EIN}} &:= \overline{\mathtt{ALARM}}\cdot\overline{\mathtt{ZO}}+\overline{\mathtt{BT}}\cdot\overline{\mathtt{FT}}\cdot\overline{\mathtt{KH}}\\
\mathtt{ALARM} &:= \overline{\mathtt{BT}}\cdot\overline{\mathtt{FT}}\cdot\overline{\mathtt{KH}}\cdot\overline{\mathtt{KON}}\cdot\mathtt{ZO}+\overline{\mathtt{BT}}\cdot\overline{\mathtt{FT}}\cdot\overline{\mathtt{KH}}\cdot\overline{\mathtt{KON}}\cdot\mathtt{ALARM}\\
\mathtt{ZO} &:= \mathtt{ME\_AUS}+\overline{\mathtt{BT}}\cdot\overline{\mathtt{FT}}\cdot\overline{\mathtt{KH}}\cdot\mathtt{KON}\cdot\mathtt{ZO}+\\
&\quad +\overline{\mathtt{BT}}\cdot\overline{\mathtt{FT}}\cdot\overline{\mathtt{KH}}\cdot\mathtt{KON}\cdot\mathtt{ALARM}
\end{aligned}
$$

Bei ME_EIN sind die Nullen zusammengefaßt worden; um ME_EIN selbst zu erhalten, muß der in Bild 4.1 im Aufgabenteil gezeigte Inverter vor der Makrozelle programmiert werden. Vorsicht ist geboten, wenn die Invertierung nach dem Flipflop durchgeführt wird, wie z. B. beim PAL 22V10 oder den MACH-Bausteinen der Serien 1 und 2: In diesen Fällen steht im Flipflop immer die invertierte Logikfunktion. Wird das Flipflop

ZS	X: BT	FT	KH	KON	VZ	Z: S_G	ME_AUS	ME_EIN	ALARM	ZO	FZ	Z: S_G	ME_AUS	ME_EIN	ALARM	ZO	Bemerkung
0	1	-	-	1	-	0	0	0	0	0	1	1	0	0	0	0	Anlage ...
0	-	1	-	1	-	0	0	0	0	0	1	1	0	0	0	0	... wird ...
0	-	-	1	1	-	0	0	0	0	0	1	1	0	0	0	0	... aktiviert
0	0	0	0	-	-	0	0	0	0	0	0	0	0	0	0	0	Haltefunktion
0	-	-	-	0	-	0	0	0	0	0	0	0	0	0	0	0	..
1	-	-	-	0	-	1	0	0	0	0	0	0	0	0	0	0	Tür nochmals geöffnet
1	-	-	-	1	0	1	0	0	0	0	1	1	0	0	0	0	Vorschärfe
1	-	-	-	1	1	1	0	0	0	0	2	0	1	0	0	0	→ME einschalten
2	-	-	-	-	-	0	1	0	0	0	3	0	0	0	0	1	ME einschalten
3	0	0	0	1	-	0	0	0	0	1	3	0	0	0	0	1	Scharfzustand
3	0	0	0	0	-	0	0	0	0	1	4	0	0	0	1	0	→Alarm
3	1	-	-	-	-	0	0	0	0	1	5	0	0	1	0	0	Anlage ...
3	-	1	-	-	-	0	0	0	0	1	5	0	0	1	0	0	... wird ...
3	-	-	1	-	-	0	0	0	0	1	5	0	0	1	0	0	... entschärft
4	0	0	0	0	-	0	0	0	1	0	4	0	0	0	1	0	Alarmzustand
4	1	-	-	-	-	0	0	0	1	0	5	0	0	1	0	0	Anlage ...
4	-	1	-	-	-	0	0	0	1	0	5	0	0	1	0	0	... wird ...
4	-	-	1	-	-	0	0	0	1	0	5	0	0	1	0	0	... entschärft
4	0	0	0	1	-	0	0	0	1	0	3	0	0	0	0	1	→ Scharfzustand
5	-	-	-	-	-	0	0	1	0	1	0	0	0	0	0	0	→ Grundzustand
t_n											t_{n+1}						Zeitpunkt

Tabelle 4.11 Übergangstabelle PKW-Alarmanlage; t_n, t_{n+1} siehe Tabelle 4.3 in Teil I

wie hier zur Zustandscodierung eingesetzt, so entsteht beim asynchronen Reset das falsche Signal! Man kann das Problem umgehen, wenn an dem betreffenden Flipflop eine asynchrone Preset- statt der Resetfunktion verfügbar ist.

Betrachtet man ZO in Tabelle 4.10 näher, so läßt sich feststellen, daß nur für die Zustände 0 und 3 der Logikpegel vorgeschrieben ist, um die erforderliche Eindeutigkeit der Codierung zu erhalten; in den anderen Fällen kann alternativ auch 1 angegeben werden. Es ist auch möglich, bei den Zuständen 1, 2, 4 und 5 ein don't care zu wählen und damit zuzulassen, daß die Zustände mit mehr als einem Bitmuster codiert werden. Da ausgangsseitige don't cares immer zu einer Vereinfachung der Logikfunktion führen, ergibt sich dann:

$$\mathtt{ZO} := \mathtt{ME\_AUS} + \mathtt{ALARM} + \overline{\mathtt{S\_G}} \cdot \overline{\mathtt{ME\_EIN}} \cdot \mathtt{ZO}$$

In anderen Fällen läßt sich die Anzahl der Produktterme erheblich reduzieren. Zustandscodierungen mit don't cares sollten immer in Betracht gezogen werden, wenn die Anzahl der Produktterme nicht ausreicht. Man hat allerdings nicht immer Erfolg damit. Gerade im vorliegenden Fall werden für die AV ME_EIN zusätzliche Produktterme erforderlich:

$$\overline{\mathtt{ME\_EIN}} := \overline{\mathtt{ALARM}} \cdot \overline{\mathtt{ZO}} + \overline{\mathtt{BT}} \cdot \overline{\mathtt{FT}} \cdot \overline{\mathtt{KH}} + \mathtt{S\_G} + \mathtt{ME\_AUS} + \mathtt{ME\_EIN}$$

Dieser Fall tritt aber nicht immer auf, oder man erhält eine gleichmäßigere Produkttermanforderung für die einzelnen Flipflops. Da der Rechenaufwand nicht unerheblich ist, bedient man sich am besten eines Logikcompilers, den man nacheinander unterschiedliche Codierungen mit und ohne don't cares durchrechnen läßt.

Das Beispiel macht einen Unterschied deutlich: Wird ein Zustandscode mit don't care deklariert, so bedeutet das, daß die Übergänge **aus** diesem Zustand in andere sowohl den Wert 0 als auch den Wert 1 bei jedem als don't care gesetzten Bit berücksichtigen müssen. Beim Übergang **in** diesen Zustand kann die 0 oder die 1 gewählt werden. Ersteres bedeutet, daß die Logikfunktion der vom betreffenden Flipflop abhängigen Variablen komplizierter werden kann, letzteres führt zu einer einfacheren Übergangsgleichung des Zustandsflipflops.

Im Gegensatz dazu führen Bitmuster des Zustandsvektors, die nicht als Zustände definiert sind, immer zu einer Vereinfachung der Logikfunktion; die entsprechenden Minterme sind immer als don't care anzusehen und können daher wahlweise als 0 oder 1 angesehen werden. Bei einem synchronen Reset muß sichergestellt sein, daß die entsprechenden Vektoren in einen gültigen Zustandsvektor getaktet werden (siehe Seite 37).

4.8 Schrankensteuerung

1. Die Zustände, ihre Beschreibung, die Außenwirkung und die Zustandscodierung sind in Tabelle 4.12 angegeben.

2. Das Zustandsdiagramm ist in Bild 4.7 gezeichnet.

3. Zustandscodierung: Wir wollen das System durch einen asynchronen Reset zurücksetzen. Dies erzwingt die Codierung 000 für den Zustand 2. Die gewählte Codierung ist in Tabelle 4.12 eingetragen.

ZS	Bezeichnung	Ausgangssignale	Codierung
1	Schranke offen Grundzustand	AUF_ZUN = x EIN = 0	0 0 1
2	Schranke schließen	AUF_ZUN = 0 EIN = 1	0 0 0
3	Schranke geschlossen 1 Zug im System	AUF_ZUN = x EIN = 0	0 1 1
4	Schranke schließen 2 Züge im System	AUF_ZUN = 0 EIN = 1	1 0 0
5	Schranke geschlossen 2 Züge im System	AUF_ZUN = x EIN = 0	1 0 1
6	Schranke öffnen	AUF_ZUN = 1 EIN = 1	1 1 0
7	Schranke geschlossen 3 Züge im System	AUF_ZUN = x EIN = 0	1 1 1
8	Schranke geschlossen 4 Züge im System	AUF_ZUN = x EIN = 0	0 1 0

Tabelle 4.12 Zustände des Systems und Außenwirkung; ZS: Zustand; x: don't care

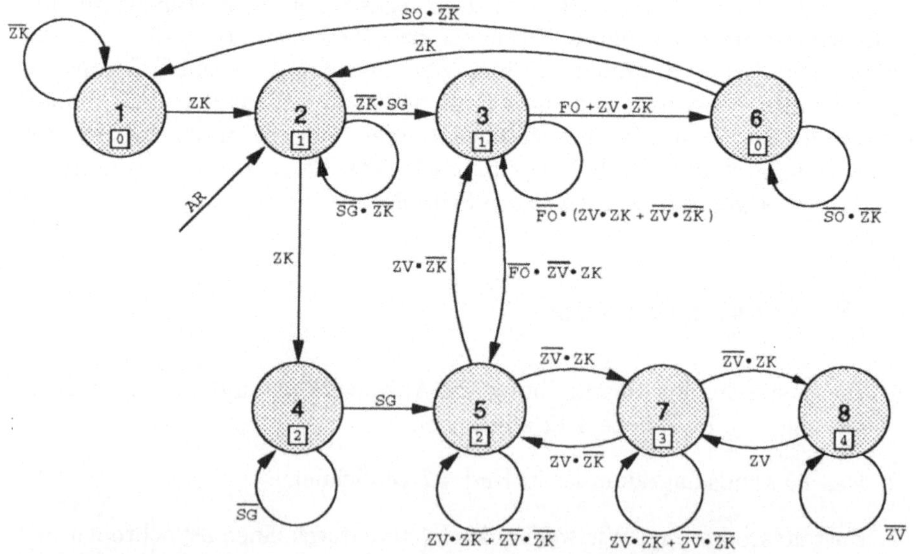

Bild 4.7 Zustandsdiagramm Schrankensteuerung; die Ziffern in den kleinen Quadraten geben die Anzahl der Züge im jeweiligen Zustand an

4. Übergangstabelle, siehe Tabelle 4.13! Die don't cares der Mealyvariablen EIN und AUF_ZUN reduzieren die Anzahl der erforderlichen Produktterme erheblich.

ZS	X					Z			FZ	Z			Y		Bemerkung
	ZK	ZV	SO	SG	FO	Z2	Z1	Z0		Z2	Z1	Z0	AUF_ZUN	EIN	
1	0	-	-	-	-	0	0	1	1	0	0	1	x	0	offen halten
1	1	-	-	-	-	0	0	1	2	0	0	0	0	x	→Schließen, 1 Zug
2	0	-	-	0	-	0	0	0	2	0	0	0	0	1	Haltefunktion
2	1	-	-	-	-	0	0	0	4	1	0	0	0	1	→ 4, 2 Züge
2	0	-	-	1	-	0	0	0	3	0	1	1	x	0	→ 3, 1 Zug
3	1	1	-	-	0	0	1	1	3	0	1	1	x	0	Haltefunktion
3	0	0	-	-	0	0	1	1	3	0	1	1	x	0	Haltefunktion
3	1	0	-	-	0	0	1	1	5	1	0	1	x	0	→ 5, 2 Züge
3	0	1	-	-	-	0	1	1	6	1	1	0	1	x	→ 6, Öffnen
3	-	-	-	-	1	0	1	1	6	1	1	0	1	x	→ 6, Fernöffnen
4	-	-	-	0	-	1	0	0	4	1	0	0	0	1	Haltefunktion
4	-	-	-	1	-	1	0	0	5	1	0	1	x	0	→ 5, 2 Züge
5	0	0	-	-	-	1	0	1	5	1	0	1	x	0	Haltefunktion
5	1	1	-	-	-	1	0	1	5	1	0	1	x	0	Haltefunktion
5	0	1	-	-	-	1	0	1	3	0	1	1	x	0	→ 3, 1 Zug
5	1	0	-	-	-	1	0	1	7	1	1	1	x	0	→ 7, 3 Züge
6	0	-	0	-	-	1	1	0	6	1	1	0	1	1	Haltefunktion
6	1	-	-	-	-	1	1	0	2	0	0	0	0	x	→ 2, Schließen
6	0	-	1	-	-	1	1	0	1	0	0	1	x	0	→ 1, Grundzustand
7	0	0	-	-	-	1	1	1	7	1	1	1	x	0	Haltefunktion
7	1	1	-	-	-	1	1	1	7	1	1	1	x	0	Haltefunktion
7	0	1	-	-	-	1	1	1	5	1	0	1	x	0	→ 5, 2 Züge
7	1	0	-	-	-	1	1	1	8	0	1	0	x	0	→ 8, 4 Züge
8	-	0	-	-	-	0	1	0	8	0	1	0	x	0	Haltefunktion
8	-	1	-	-	-	0	1	0	7	1	1	1	x	0	→ 7, 3 Züge
t_n									t_{n+1}				$t_ä$		Zeitpunkt

Tabelle 4.13 Übergangstabelle Schrankensteuerung; ZS: momentaner Zustand; X: Eingangsvektor; Z: Zustandsvektor; FZ: Folgezustand; Y: Ausgangsvektor; t_n, t_{n+1} und $t_ä$: siehe Tabelle 4.3 in Teil I

5. Sicherheitsanalyse: Die hier gezeigte Lösung weist erhebliche Mängel auf, die nur teilweise auf die in der Aufgabenstellung gemachten Voraussetzungen zurückzuführen sind:

- Das Signal ZK darf nur genau einen Taktzyklus lang sein, es muß also mit CLK synchronisiert werden. Ist ZK länger, so wird in vielen

Fällen nach einem Übergang (z. B. 1→2) unmittelbar ein weiterer Übergang (2→4) initiiert, obwohl kein zweiter Zug da ist. Dasselbe Problem ergibt sich in den Zuständen 3, 5 und 7.

Ist ZK dagegen kürzer als eine Taktperiode, so kann es vorkommen, daß ein in das System einfahrender Zug nicht erkannt wird. Nicht erfaßte Züge führen immer dazu, daß die Schranke offen bleibt bzw. geöffnet wird, obwohl Züge im Überwachungsbereich sind! Dem ZK-Signal wurde bei den Übergängen aus dem Zustand 2 Vorrang gegeben vor SG; er bewirkt, daß beim Eintreffen beider Signale innerhalb derselben Taktperiode der zweite Zug erkannt wird. Würde zuerst in den Zustand 3 verzweigt, so würde ZK bei der darauffolgenden Taktflanke nicht mehr anliegen, und der zweite Zug wäre nicht erfaßt.

- Der Übergang 6→2 darf in der Praxis nicht vorkommen. Die Schranke muß immer ganz geöffnet werden und für einige Sekunden offen bleiben. Bei einem Übergang 6→1 würde aber ein einfahrender Zug wegen der angenommen Dauer von ZK nicht erfaßt. Die direkte Umschaltung Öffnen/Schließen dürfte der Antriebssteuerung auch nicht gut bekommen.

- Das System ist nicht in der Lage, bei einem Reset im laufenden Betrieb den logischen Zustand des Schaltwerks mit dem des physikalischen Systems zur Deckung zu bringen. Es fehlen Signale, die, ähnlich wie bei der Signalaufgabe, das Schaltwerk entsprechend steuern können. Die in der Aufgabenstellung enthaltene Vorschrift, nach einem Reset in den Zustand *Schranke schließen* überzugehen, sichert nur die Fälle, daß kein oder ein Zug da ist.

- Die ODER-Verknüpfung von OW1 mit WO1 und OW2 mit WO2 führt dazu, daß ein Zug vergessen wird, wenn innerhalb derselben Taktperiode aus beiden Richtungen ein Zug ankommt oder in beiden Richtungen ein Zug das System verläßt.

- Das System ist empfindlich gegen Verletzungen der Setup- und Hold-Time der Zustandsflipflops (Siehe hierzu Kap. 15.5 des Lehrbuchs [1]). **Das kann bei diesem Schaltwerk zu gefährlichen Zustandsänderungen führen!** Solche Probleme können immer auftreten, wenn sich die Eingangssignale unabhängig vom Takt ändern.

  Betrachten wir hierzu die Codierung der Zustände 6, 7 und 8, wie sie in Tabelle 4.12 angegeben sind und setzen voraus, daß ZK sich unabhängig vom Takt ändern kann. Das System befinde sich im Zustand 7 (3 Züge), und ein weiterer Zug werde gemeldet (ZK = 1), wobei die Setup- oder die Hold-Time der Zustandsflipflops verletzt werde. Aufgrund eines metastabilen Zustands kann es vorkommen, daß zwar Z0, nicht aber Z2 kippt. Statt des Zustandes 8 (4 Züge) stellt sich der Zustand 6 (kein Zug, Schranke öffnen) ein. Ebenso wäre es möglich, daß das System im Zustand 7 verharrt oder in den Zustand 3 wechselt; auch in diesen Fällen wird irgendwann die Schranke geöffnet, obwohl noch Züge im System sind.

Grundsätzlich müssen Konditionen, die zu metastabilen Zuständen von Zustandsflipflops führen können, in sicherheitsrelevanten Schaltungen genau analysiert und vermieden werden. **Man darf sich auf keinen Fall darauf verlassen, daß ihr Auftreten sehr unwahrscheinlich ist.**

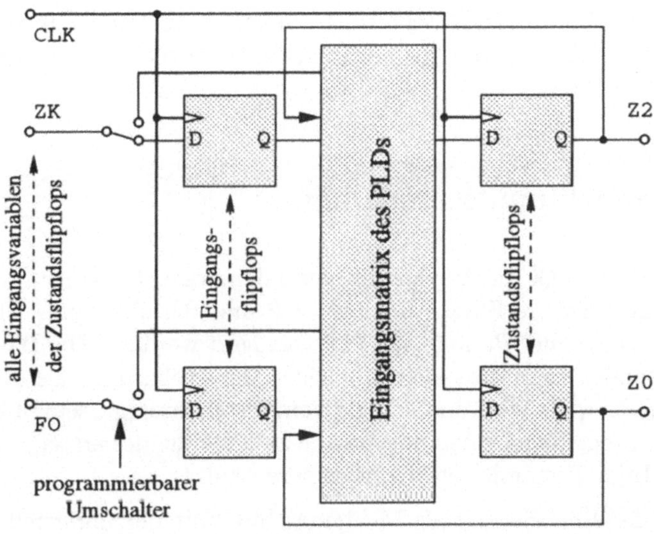

Bild 4.8 Schaltungsauszug bei Verwendung von PLDs mit Eingangsflipflops

Bild 4.8 zeigt eine Lösung des Problems: Werden alle Eingangssignale vor der Eingangsmatrix, also dem Schaltnetz für den NSD und NAVD, in einem Flipflop zwischengespeichert, so ändern sich die Eingangssignale der **Zustands**flipflops nur taktsynchron, und deren Setup- und Hold-Time kann nicht mehr verletzt werden. Statt dessen können die Zeitvorgaben an den Eingangsflipflops verletzt werden; dies wirkt sich nur in der Weise aus, daß das entsprechende Signal um einen Takt verzögert wird. Da ein Schaltwerk in jedem Zustand für alle nur denkbaren Bitmuster des Eingangsvektors einen Übergang definiert, kann die Verzögerung keinen ungewollten Übergang erzeugen.

Änderungen der Eingangssignale werden durch die vorgeschlagene Maßnahme verzögert an die Zustandsflipflops und die Ausgangssignale weitergegeben.

Es gibt PLDs, die über Eingangsflipflops verfügen. In vielen Fällen, wie z. B. der MACH 2-Serie von AMD, können die Eingangssignale wahlweise (bei der Programmierung festgelegt) kombinatorisch oder über ein Flipflop in die Eingangsmatrix geführt werden.

Die breite Diskussion des Sicherheitsaspekts läßt ohne Zweifel erkennen, daß das Schaltwerk für den realen Einsatz völlig ungeeignet ist. Es zeigt aber in besonderer Weise ein Reihe von Problemen, die beim Entwurf von Schaltwerken berücksichtigt werden müssen. Es genügt oft nicht, eine irgendwie in 99,99 % aller Fälle funktionierende Schaltung entworfen zu haben. In sicherheitsrelevanten Systemen muß man grundsätzlich alle theoretisch möglichen Fälle betrachten!

4.9 Doppelimpulserzeugung

1. Da `R` und `CLK` nicht synchron verlaufen, kann bei einer Mooremaschine die ansteigende Flanke um bis zu 2 und die abfallende Flanke von `DI` um bis zu einer Periode von `CLK` verzögert werden[2]. Die Dauer des High-Zustandes kann also kleiner, gleich oder größer sein als die von `R`. Der zweite Impuls wird unabhängig vom ersten erzeugt, seine Flanken haben also in der Regel eine andere Lage zu `R` als die des ersten, und die Dauer des High-Zustandes wird eine andere sein!

   Bei der Realisierung als Mealymaschine mit der unmittelbaren Weitergabe der Änderung von `R` haben die Impulse von `DI` die gleiche Dauer wie die von `R`, sie sind lediglich um die Laufzeit durch das Schaltnetz verzögert.

2. Zustandsdefinition, -beschreibung und -codierung: siehe Tabelle 4.14

3. Siehe Bild 4.9! Wie Tabelle 4.14 zeigt, sind alle Varianten möglich. Der geringste Aufwand ergibt sich bei einer Mooremaschine Klasse C mit asynchronem Reset. Wegen der angesprochenen Nachteile bez. der Verzögerung und der Impulsdauer werde eine Mealymaschine mit asynchronem Reset realisiert.

[2]Der ungünstigste Fall für die ansteigende Flanke ergibt sich, wenn der 0→1 Übergang von `R`, der Impuls `I` und die aktive Taktflanke nahezu zeitgleich auftreten, `I` aber gerade noch bei `R` = `0` erkannt wird

ZS	Bezeichnung	Ausgangs-signal DI	Codierung A Z2	Z1	Z0	Codierung B Z2	Z1	Z0
0	Ruhezustand, Warten auf I	0	0	0	0	0	0	0
1	I während R = 1 gekommen Warten auf R: 1→0	0	0	0	1	0	0	1
2	I während R = 0 gekommen Warten auf R: 0→1	0	0	1	0	0	1	0
3	R: 0→1, 1. Impuls	1	0	1	1	1	0	0
4	R: 1→0, Ende 1. Impuls	0	1	0	0	0	1	1
5	R: 0→1, 2. Impuls	1	1	0	1	1	0	1

Tabelle 4.14 Zustände des Systems und Außenwirkung; Codierung A: Mealy- oder Mooremaschine Klasse A; Codierung B: Mooremaschine Klasse C; ZS: Zustand

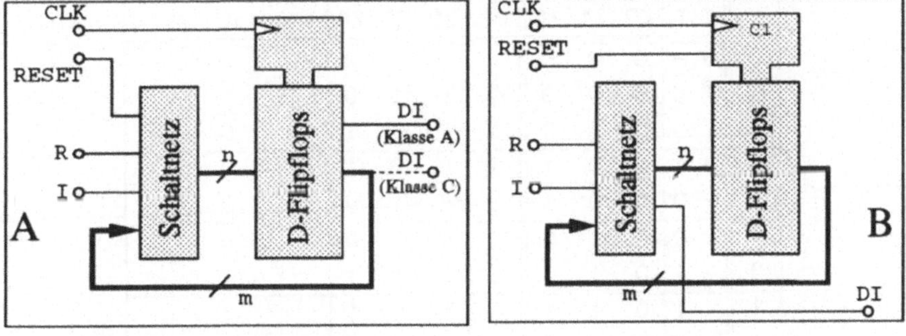

Bild 4.9 A: Realisierung als Mooremaschine (Klasse A oder C) mit synchronem Reset; B: Realisierung als Mealymaschine mit asynchronem Reset

4. Es werden 3 Flipflops für die Zustandscodierung benötigt. Bei einer Mooremaschine vom Typ A kommt ein Flipflop für DI hinzu.

5. Zustandsdiagramm, siehe Bild 4.10!

6. Übergangstabelle, siehe Tabelle 4.15

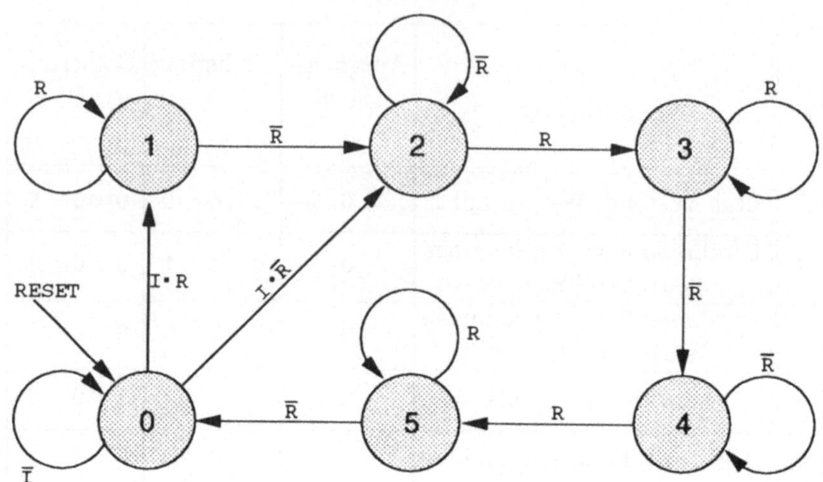

Bild 4.10 Zustandsdiagramm Doppelimpulserzeugung (asynchroner Reset)

ZS	X		Z			FZ	Z			Ausgangssignal
	I	R	Z2	Z1	Z0		Z2	Z1	Z0	DI
0	0	-	0	0	0	0	0	0	0	0
0	1	0	0	0	0	2	0	1	0	0
0	1	1	0	0	0	1	0	0	1	0
1	-	1	0	0	1	1	0	0	1	0
1	-	0	0	0	1	2	0	1	0	0
2	-	0	0	1	0	2	0	1	0	0
2	-	1	0	1	0	3	0	1	1	1
3	-	1	0	1	1	3	0	1	1	1
3	-	0	0	1	1	4	1	0	0	0
4	-	0	1	0	0	4	1	0	0	0
4	-	1	1	0	0	5	1	0	1	1
5	-	1	1	0	1	5	1	0	1	1
5	-	0	1	0	1	0	0	0	0	0
t_n						t_{n+1}				$t_ä$

Tabelle 4.15 Übergangstabelle Doppelimpulserzeugung (Mealy- oder Mooremaschine Typ A); t_n, t_{n+1} und $t_ä$: siehe Tabelle 4.3 in Teil I; $t_ä$: nur bei Mealymaschine, bei den übrigen Maschinen steht hier auch t_{n+1}

4.10 Phasengeber

T wird nach jedem Flankenwechsel eines der beiden Phasensignale PHI1 und PHI0 für die Dauer einer Taktperiode gesetzt. Je nach Logikpegel der beiden EVs können 4 Zustände unterschieden werden, z. B. PHI1 = 0, PHI0 = 1. Jeder dieser Zustände wird noch einmal unterteilt in eine Phase, in der T = 1 gesetzt ist und in eine Phase, in der T = 0 ist. Insgesamt gibt es also 8 Zustände, von denen die Hälfte T = 1 und die andere Hälfte T = 0 erzeugt. Es bietet sich eine Binärcodierung an, bei der T direkt mit einem Zustandsflipflop verbunden werden kann, so daß eine Mooremaschine Klasse C vorliegt (Tabelle 4.16). In Bild 4.12 sind die Zustände der FSM eingetragen. Zustände mit ungeraden Nummern werden nur für die Dauer einer Taktperiode eingenommen.

ZS	Bezeichnung	Codierung		
		Z2	Z1	T
0	Grundzustand PHI0 = 0, PHI1 = 0	0	0	0
1	0→1-Übergang von PHI0 erfolgt	0	0	1
2	PHI0 = 1, PHI1 = 0	0	1	0
3	0→1-Übergang von PHI1 erfolgt	0	1	1
4	PHI0 = 1, PHI1 = 1	1	0	0
5	1→0-Übergang von PHI0 erfolgt	1	0	1
6	PHI0 = 0, PHI1 = 1	1	1	0
7	1→0-Übergang von PHI1 erfolgt	1	1	1

Tabelle 4.16 Zustände des Systems und Außenwirkung; ZS: Zustand

Bei den in Bild 4.11 gewählten Übergängen werden nach einem Reset im physikalischen Zustand 0 alle Zustände korrekt durchlaufen. Tritt er bei einem der Zustände 1 bis 4 auf, so werden sie zwar auch in der richtigen Reihenfolge durchlaufen, allerdings sind die Verweilzeiten teilweise falsch. Bei einem Reset im physikalischen Zustand 5, 6 oder 7 wird der logische Zustand 0 verlängert und geht normal in Zustand 1 über.

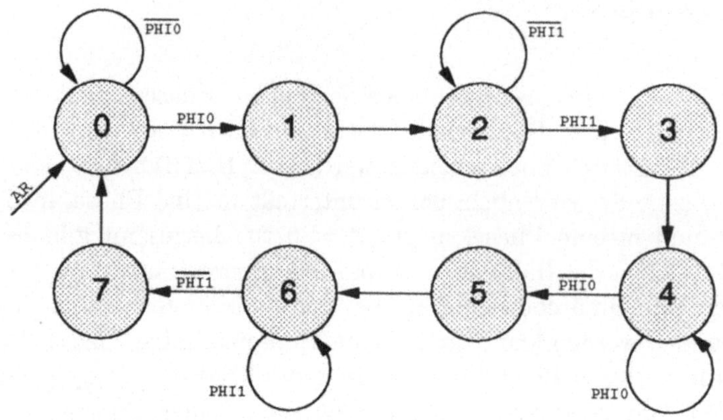

Bild 4.11 Zustandsdiagramm Phasengeber für eine FSM mit asynchronem Reset

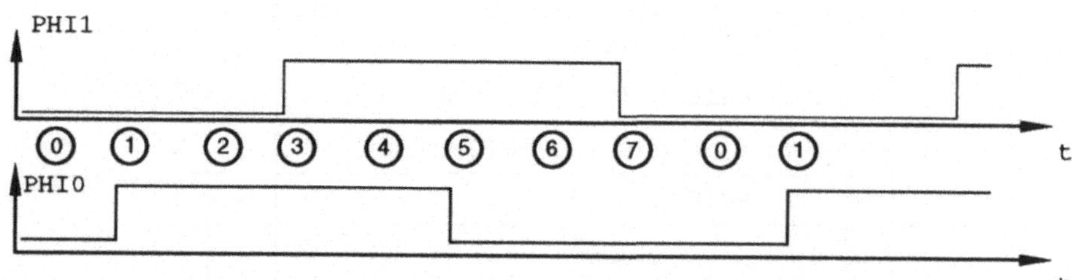

Bild 4.12 Phasengeber – Zeitlinien und Zustandsnummern; Zustände mit ungeraden Nummern gelten jeweils nur für die Dauer einer Periode von CLK

Die Auswertung der Übergangstabelle (Tabelle 4.17) ergibt folgende Übergangsgleichungen:

$$\begin{aligned} \mathtt{Z2} &:= \overline{\mathtt{Z2}} \cdot \mathtt{Z1} \cdot \mathtt{T} + \mathtt{Z2} \cdot \overline{\mathtt{Z1}} + \mathtt{Z2} \cdot \overline{\mathtt{T}} \\ \mathtt{Z1} &:= \overline{\mathtt{Z1}} \cdot \mathtt{T} + \mathtt{Z1} \cdot \overline{\mathtt{T}} \\ \mathtt{T} &:= \mathtt{PHI0} \cdot \overline{\mathtt{Z2}} \cdot \overline{\mathtt{Z1}} \cdot \overline{\mathtt{T}} + \mathtt{PHI1} \cdot \overline{\mathtt{Z2}} \cdot \mathtt{Z1} \cdot \overline{\mathtt{T}} + \\ &\quad + \overline{\mathtt{PHI0}} \cdot \mathtt{Z2} \cdot \overline{\mathtt{Z1}} \cdot \overline{\mathtt{T}} + \overline{\mathtt{PHI1}} \cdot \mathtt{Z2} \cdot \mathtt{Z1} \cdot \overline{\mathtt{T}} \end{aligned}$$

ZS	X: PHI1	X: PHI0	Z: Z2	Z: Z1	Z: T	FZ	Z: Z2	Z: Z1	Z: T	Bemerkung
0	-	0	0	0	0	0	0	0	0	Haltefunktion
0	-	1	0	0	0	1	0	0	1	0 → 1 von PHI0 aufgetreten
1	-	-	0	0	1	2	0	1	0	T **ausgeben**
2	0	-	0	1	0	2	0	1	0	Haltefunktion
2	1	-	0	1	0	3	0	1	1	0 → 1 von PHI1 aufgetreten
3	-	-	0	1	1	4	1	0	0	T ausgeben
4	-	1	1	0	0	4	1	0	0	Haltefunktion
4	-	0	1	0	0	5	1	0	1	1 → 0 von PHI0 aufgetreten
5	-	-	1	0	1	6	1	1	0	T ausgeben
6	1	-	1	1	0	6	1	1	0	Haltefunktion
6	0	-	1	1	0	7	1	1	1	1 → 0 von PHI1 aufgetreten
7	-	-	1	1	1	0	0	0	0	→ Grundzustand
t_n						t_{n+1}				Zeitpunkt

Tabelle 4.17 Übergangstabelle des Phasengebers; t_n, t_{n+1}: siehe Tabelle 4.3 in Teil I

5 Mikroprozessor

5.1 Additionsbeispiel

Die Lösung des Beispiels wurde im ersten Teil des Buches ausführlich behandelt.

5.2 MPU-Analyse

1. Der prozessorexterne Datenbus hat die Aufgaben
   - Opcodes und Operanden vom Speicher zur CPU zu übertragen
   - Daten zu übermitteln (beide Richtungen).
2. Datenbus → MPU-Register

Register	Befehl
Befehlsregister	jeder
Akkumulator	LDA, (PLA)
X-Register	LDX
Y-Register	LDY
PC	[JMP], [JSR], [Bxx],(RTI), (RTS)
PSR	(PLP), (RTI)

Bei den in (...)-Klammern stehenden Befehlen kann der Datentransport nicht von allen Speicherzellen aus erfolgen, sondern nur aus dem Stapelbereich. Bxx ist eine Sammelschreibweise für beliebige Branchbefehle. Bei den in [...]-Klammern stehenden Instruktionen wird die Adreßdistanz aus der dem Opcode folgenden Adresse bzw. die Zieladresse aus den beiden ihm folgenden Bytes gelesen.

MPU-Register → Datenbus

Register	Befehl	Bemerkung
Akkumulator	STA, (PHA)	
X-Register	STX	
Y-Register	STY	
PC	(JSR), (BRK)	Rückkehradresse → Stapel
PSR	(PHP), (BRK)	Statusbyte → Stapel

3. Arithmetische und logische Operationen mit Registern und Speicherzellen, siehe Tabelle 5.1!

Register	Operation	Befehl	Bemerkung
Akkumulator	Addition	ADC	
	Subtraktion	SBC	
	log. UND	AND	
	log. ODER	ORA	
	log. Exklusivoder	EOR	
	links schieben	ASL	
	rechts schieben	LSR	
	Rotation links	ROL	
	Rotation rechts	ROR	
	Vergleich	CMP	
X-Register	Addition (von 1)	INX	Carry bleibt unverändert
	Subtraktion (von 1)	DEX	und kein BCD-Modus
	Vergleich	CPX	
Y-Register	Addition (von 1)	INY	Carry bleibt unverändert
	Subtraktion (von 1)	DEY	und kein BCD-Modus
	Vergleich	CPY	
Speicherzellen	Addition	INC	Carry bleibt unverändert
	Subtraktion	DEC	und kein BCD-Modus
	links schieben	ASL	
	rechts schieben	LSR	
	Rotation links	ROL	
	Rotation rechts	ROR	

Tabelle 5.1 MPU-Analyse – arithmetische und logische Operationen

4. Der Adreßbus dient der Adressierung von Speicherzellen. Er wird vom Programmzähler, vom Stapelzeiger und von den Indexregistern X und

Y beeinflußt. Der direkte Zugriff auf den Adreßbus erfolgt immer vom Adreßregister (ADH, ADL), das zuvor von den anderen Registern geladen wird.

5.3 Programmierung

5.3.1 Programmanalyse – Beispiel 1

1. Das Unterprogramm (an RTS erkennbar) lädt 5 Bytes mit Hilfe eines Zeigers um (indiziertes Umladen). Es fehlen die ORG- und die END-Anweisung. Das Beispiel enthält keinen Zugriff auf vom Code abhängige Adressen, es handelt sich um positionsunabhängigen Code, der an jeder beliebigen Stelle im Speicher ablauffähig ist. Der Akkumulator wird i. a. zur Parameterübergabe verwendet, so daß man darauf verzichtet, seinen Inhalt zu retten. Wird in anderen Fällen die Restaurierung des Akkumulatorinhaltes gefordert, muß das UP die entsprechenden Befehle enthalten. Tabelle 5.2 enthält die Kommentare.

```
MEMA   EQU  $0030    Basisadresse Quelltabelle
MEMB   EQU  $0040    Basisadresse Zieltabelle
XREG   EQU  $0050    Zwischenspeicher für X-Register

START  STX  XREG     [X] retten
       LDX  #0       Anfangswert Indexregister
       LDA  MEMA,X   Tabelle indiziert umladen
       STA  MEMB,X
       INX           Index inkrementieren
       LDA  MEMA,X
       STA  MEMB,X     wie oben
       INX
       LDA  MEMA,X
       STA  MEMB,X     wie oben
       INX
       LDA  MEMA,X
       STA  MEMB,X     wie oben
       INX
       LDA  MEMA,X
       STA  MEMB,X
       LDX  XREG     Inhalt von X restaurieren
ENDE   RTS           Rückkehr ins aufruf. Programm
```

Tabelle 5.2 Programmanalyse – Beispiel 1 mit Kommentaren

2. Es werden folgende Adressierungsarten verwendet:
   - Zero Page, nicht indiziert: Befehle STX, LDX
   - Unmittelbar: Befehl LDX #0
   - Zero Page, indiziert durch X: LDA MEMA,X und STA MEMB,X
   - Impliziert: Befehle INX, RTS.

3. Programm in absoluter Adressierung: Die symbolische Schreibweise werde beibehalten, die Angabe absoluter Adressen im Operandenbereich einer Quelle macht ein Programm unleserlich und erschwert Modifikationen während der Programmentwicklung ganz erheblich (Tabelle 5.3).

Marke (Label)	OPC	OPD	# Bytes
MEMA	EQU	$0030	0
MEMB	EQU	$0040	0
	ORG	$4711	0
START	LDA	MEMA	2
	STA	MEMB	2
	LDA	MEMA+01	2
	STA	MEMB+01	2
	LDA	MEMA+02	2
	STA	MEMB+02	2
	LDA	MEMA+03	2
	STA	MEMB+03	2
	LDA	MEMA+04	2
	STA	MEMB+04	2
ENDE	RTS		1

Symboltabelle:	
ENDE	$4725
MEMA	$0030
MEMB	$0040
START	$4711

Tabelle 5.3 Programmanalyse – Beispiel 1, absolute Adressierung und Befehlslängen (oben) und Symboltabelle (unten)

4. Es werden 5 aufeinanderfolgende Werte einer Tabelle umgeladen. Zur Programmvereinfachung bietet sich eine Schleife mit indiziertem Zugriff an. Die Reihenfolge des Umladevorgangs wird vertauscht, damit man den Schleifenausstieg ohne zusätzliche CPX-Anweisung durchführen kann. Da sich Quell- und Zielfeld nicht überschneiden, ist dies ohne weiteres möglich (Tabelle 5.4). Das Flußdiagramm ist in Bild 5.1 gezeichnet.

Adresse	OPC	Symbol	OPC	OPD	Kommentar
		MEMA	EQU	$0030	Quelltabellenadresse
		MEMB	EQU	$0040	Zieltabellenadresse
		XREG	EQU	$0050	temp. Speicher X-Register
5000	8650	START	STX	XREG	[X] retten
5002	A204		LDX	#4	max. Index → X
5004	B530	SCHLEI	LDA	MEMA,X	Tabelle indiziert
5006	9540		STA	MEMB,X	umladen
5008	CA		DEX		Index dekrementieren
5009	10F8		BPL	SCHLEI	letzter Wert umgeladen?
500B	A650		LDX	XREG	ja, [X] restaurieren
500E	60	ENDE	RTS		Rückkehr

Tabelle 5.4 Programmanalyse – Beispiel 1, vereinfachter Code; die beiden linken Spalten enthalten die Adressen und OP-Codes in hexadezimaler Schreibweise

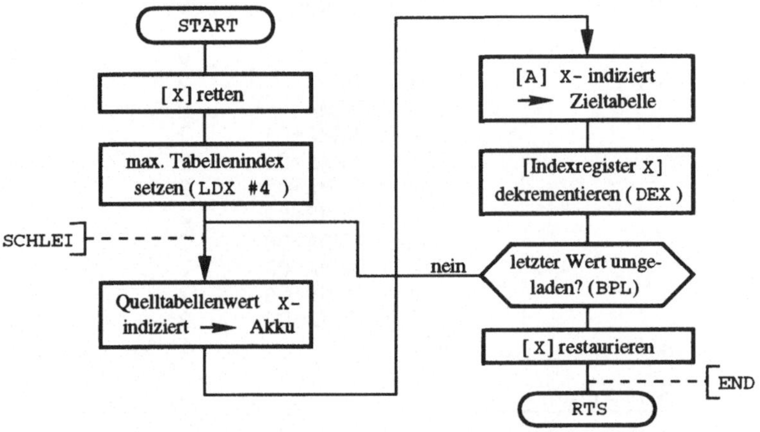

Bild 5.1 Flußdiagramm Programmanalyse – Beispiel 1

5. Die Adressen und OP-Codes sind in Tabelle 5.4 eingetragen.

5.3.2 Programmanalyse – Beispiel 2

1. Das Unterprogramm TABAD führt folgende Funktionen aus:

   - Retten und Zurückholen der Inhalte von X- und Y-Register
   - Ergebnisspeicher löschen (2 Byte)
   - X-Register wird mit dem Schleifenzählerwert 32 (dezimal) geladen; der Zähler wird in der Schleife dekrementiert
   - 16 bit-Addition der Werte einer Tabelle, deren Anfangsadresse in TABAD steht; $0040 ist also nicht die Anfangsadresse der Tabelle, es erfolgt vielmehr ein indirekter Zugriff über den unter $0040, $0041 stehenden Zeiger (LOOP-Schleife)
   - die Summe der 32 Werte der Tabelle wird durch 32 geteilt, es wird also der arithmetische Mittelwert gebildet (LOOPI-Schleife).

2. Die Daten sind in der Reihenfolge LByte, HByte angeordnet.

3. Eine evtl. auftretende Bereichsüberschreitung wird beim Rücksprung durch das gesetzte Overflowbit angezeigt.

4. Bild 5.2 zeigt das Flußdiagramm.

5. Tabelle 5.5 enthält die Kommentare.

6. Negative Ergebnisse der Summation werden positiv, da das Vorzeichen beim Rechtsschieben nicht in sich kopiert wird, sondern Nullen in das höchstwertige Bit nachgeschoben werden. Tabelle 5.6 zeigt eine korrigierte Fassung der LOOPI-Schleife.

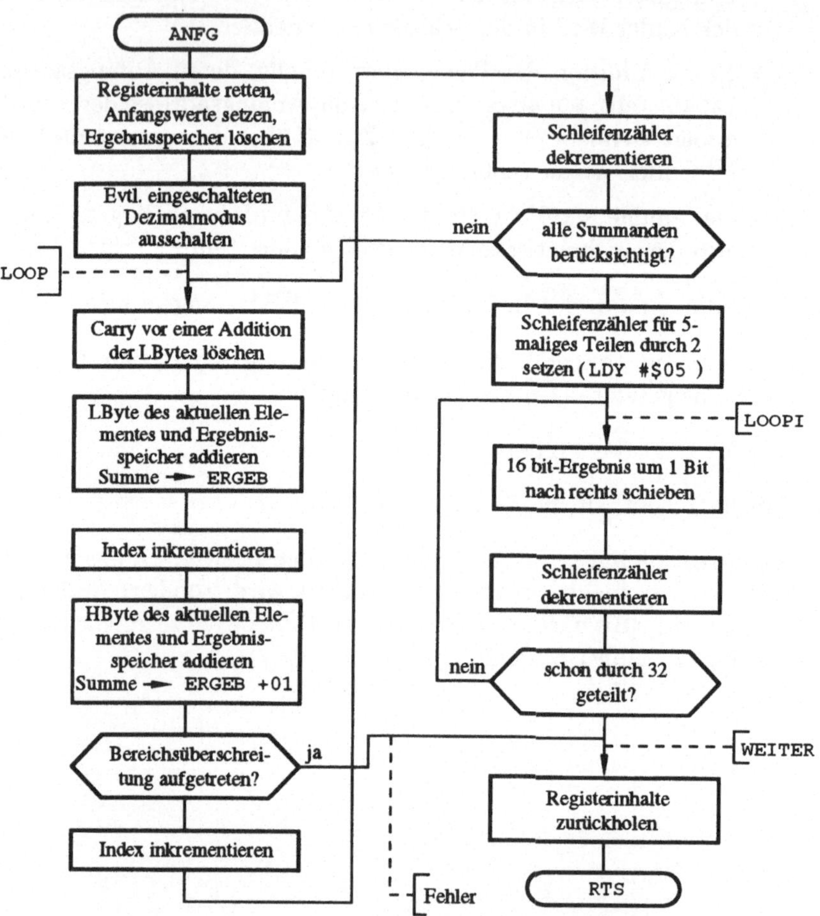

Bild 5.2 Flußdiagramm Programmanalyse – Beispiel 2

```
TABAD   EQU  $0040      2 Byte-Zeiger auf Tabelle
ERGEB   EQU  TABAD+02   Ergebnisspeicher (2 Byte)
XREG    EQU  TABAD+04   Zwischenspeicher für [X]
YREG    EQU  TABAD+05   Zwischenspeicher für [Y]
ANFG    STX  XREG       [X] retten
        STY  YREG       [Y] retten
        LDX  #$20       Schleifenzähler setzen
        LDA  #$00       Ergebnisspeicher und
        STA  ERGEB      Indexregister Y
        STA  ERGEB+01   löschen
        TAY
        CLD             kein Dezimalmode
LOOP    CLC             immer vor dem LSByte
        LDA  (TABAD),Y  nächster Wert (LSB)
        ADC  ERGEB      + LSByte Ergebnis
        STA  ERGEB      und speichern
        INY             Index inkrementieren
        LDA  (TABAD),Y  nächster Wert (MSB)
        ADC  ERGEB+01   + MSByte Ergebnis
        STA  ERGEB+01   und speichern
        BVS  WEITER     Overflow?
        INY             nein, Index inkrementieren
        DEX             Schleifenzähler dekrementieren
        BNE  LOOP       alle Werte addiert?
        LDY  #$05       ja, Y neuer Schleifenzähler
LOOPI   LSR  ERGEB+01   MSByte einmal rechts
        ROR  ERGEB      und Carry mit LSByte rotieren
        DEY             Schleifenindex dekrementieren
        BNE  LOOPI      fertig?
WEITER  LDX  XREG       ja, [X] restaurieren
        LDY  YREG       [Y] restaurieren
        RTS             Rückkehr
```

Tabelle 5.5 Programmanalyse – Beispiel 2 mit Kommentaren

```
LOOPI   CLC             C = 0 für pos. Ergebnis
        BIT  ERGEB+01   Vorzeichenbit testen
        BPL  SCHIEB     verzweigen wenn positiv
        SEC             C = 1 wenn negativ, dupliziert
                        Vorzeichenbit beim Rotieren
SCHIEB  ROR  ERGEB+01   HByte und Carry rotieren
        ROR  ERGEB      LByte und Carry rotieren
        DEY             Schleifenzähler dekrementieren
        BNE  LOOPI      Schleife wiederholen,
                        wenn Ende noch nicht erreicht
```

Tabelle 5.6 Programmanalyse – Beispiel 2, Korrektur

5.3.3 Fehlererkennung

1. Unterprogramm PBYTE. Der Inhalt des Bytes ist korrekt, wenn sein Gewicht (P, D[6..0]) ungerade ist. Es wird mit Hilfe eines Zählers GEWI ermittelt, der zu Beginn gelöscht und mit jeder 1 im zu prüfenden Byte inkrementiert wird. Es ist fehlerfrei, wenn am Ende ein ungerader Wert in GEWI steht (LSB = 1).

   Lösungsmethode: Das zu prüfende Byte stehe im Akkumulator, das LSB wird durch LSR ins Carryflag geschoben. Ist C = 1, wird GEWI inkrementiert. Ist [A] = 0, so braucht nicht weiter geprüft zu werden, andernfalls wird [A] wieder um 1 Bit geschoben.

   Am Ende wird [GEWI] mit LSR um 1 Bit geschoben und damit das LSB ins Carryflag übertragen. Wir wollen festlegen, daß dem aufrufenden Programm mit C = 1 ein korrektes und mit C = 0 ein falsches Byte signalisiert wird.

   Bild 5.3 A zeigt das Flußdiagramm.

2. Assemblerunterprogramm PBYTE, siehe Tabelle 5.7!

3. **Lösungsmethode:** Es werden 2 Tabellen bearbeitet, von denen jeweils die Basisadresse gegeben ist. Daraus folgt, daß die Zugriffe indirekt erfolgen. Leider unterscheiden sich die Indizes beider Tabellen, so daß folgende Adressierungsarten verwendet werden:

   Datenblocktabelle: (DATADR),Y indirekt, indiziert
   Fehlertabelle: (ERRO,X) indiziert, indirekt.

   [X] bleibt immer 0, nach jedem Speichern der Elementenummer eines fehlerhaften Bytes wird dafür [ERRO, ERRO+01] inkrementiert (16 bit). Um im aufrufenden Programm entscheiden zu können, ob ein Fehler aufgetreten ist, wird das erste Byte des Fehlerfeldes mit einem nicht möglichen Indexwert besetzt, also $FF. Um die Anzahl fehlerhafter Bytes bestimmen zu können, wird das Fehlerfeld komplett mit $FF initialisiert. Die Anzahl der von $FF verschiedenen Einträge ergibt dann die Anzahl der fehlerhaften Bytes.

   Das Flußdiagramm ist in Bild 5.3 B und der Assemblercode in der Liste Tabelle 5.7 enthalten.

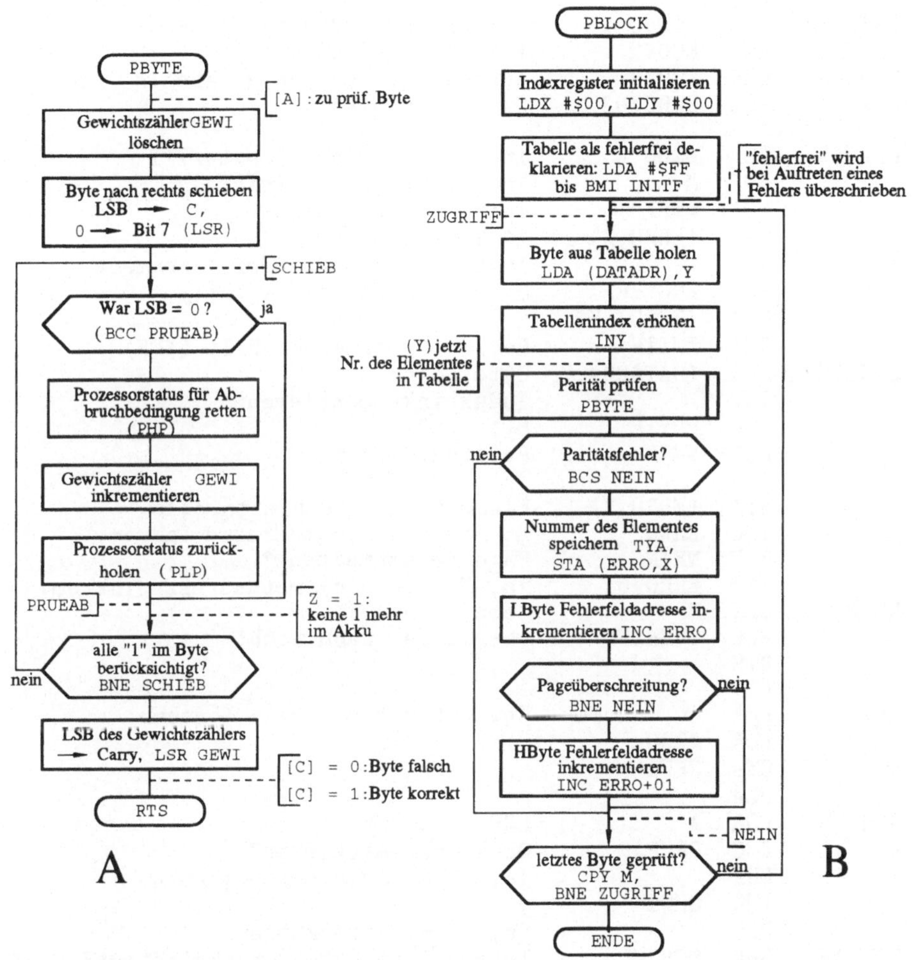

Bild 5.3 Flußdiagramme Paritätsbitprüfung; A: Unterprogramm PBYTE; B: Unterprogramm PBLOCK

```
         ORG  $2000         Unterprogrammstart

DATADR   EQU  $0040         Adresse LB, HB Datenblock
M        EQU  $0042         Anzahl der Elemente
ERRO     EQU  $0043         Adresse LB, HB Fehlertabelle
GEWI     EQU  ERRO+02       Gewichtszähler

PBLOCK   LDX  #$00          Index Fehlertabellenzugriff
         LDY  M             Index für Initialisierung
         LDA  #$FF          Initialisierungswert
         STA  (ERRO,X)      1. Tabellenwert
INITF    DEY                Initialisierungsindex dekrement.
         BEQ  ZUGRIFF       Schleifenausstieg mit [Y] = 0
         STA  (ERRO),Y
         BMI  INITF         Bedingung immer erfüllt ($FF)
ZUGRIFF  LDA  (DATADR),Y    Byte holen
         INY                Index inkrementieren
         JSR  PBYTE         Byte prüfen
         BCS  NEIN          Paritätsfehler?
         TYA                ja
         STA  (ERRO,X)      Elementnr. → Fehlertabelle
         INC  ERRO          LB Fehlerelementadresse inkrem.
         BNE  NEIN          Pageüberschreitung?
         INC  ERRO+01       ja, HB Fehlerelementadresse inkrem.
NEIN     CPY  M             letztes Byte?
         BNE  ZUGRIFF       verzweige, wenn nicht
         RTS

PBYTE    PHA                Gewichtszählerinhalt löschen
         LDA  #$00
         STA  GEWI
         PLA
SCHIEB   LSR  A             LSB → Carry
         BCC  PRUEAB        GEWI inkrementieren?
         PHP                ja, [PSR] zwischenspeichern
         INC  GEWI          ja
         PLP                ja, [PSR] zurückholen
PRUEAB   BNE  SCHIEB        letzte 1 im Byte berücksichtigt?
         LSR  GEWI          ja, LSB des Gewichts ins Carry
         RTS                C = 1: Byte korrekt
```

Tabelle 5.7 Programmliste Fehlererkennung

5.4 Ein- und Ausgabe

5.4.1 Brauchwassererwärmung mit Sonnenkollektor

Bild 5.4 zeigt das Flußdiagramm und Tabelle 5.8 den Assemblercode. Da die Temperaturwerte immer kleiner sind als 128, kann die Auswertung der `CMP`-Befehle grundsätzlich auch mit dem Negativflag erfolgen; um Mißverständnissen vorzubeugen, wird die saubere Lösung mit der Auswertung des Carryflags bevorzugt.

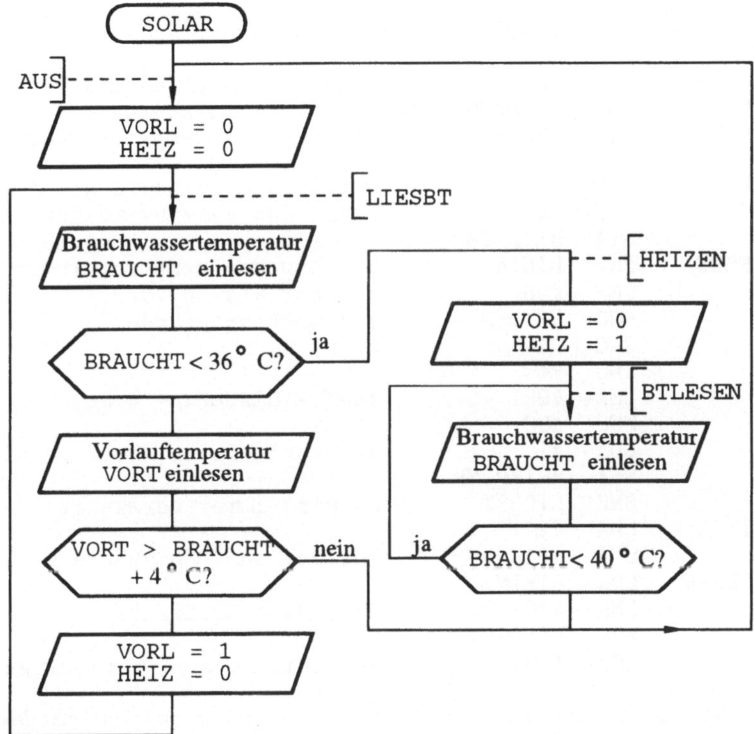

Bild 5.4 Flußdiagramm Brauchwassererwärmung mit Sonnenkollektor

```
          ORG   $B000          Programmstart

HEIZPUMP  EQU   $A000          Signale f. Heizen und Vorlauf
VORT      EQU   HEIZPUMP+01    Vorlauftemperaturwert
BTEIN     EQU   VORT+01        Brauchwassertemperaturwert

SOLAR     CLD                  Additionen im Dualmode
AUS       LDA   #0             Pumpe und Heizung ausschalten
          STA   HEIZPUMP
LIESBT    LDA   BTEIN          Brauchwassertemperaturwert
          CMP   #36            kleiner als 36 (dez.)?
          BCC   HEIZEN         [A] noch unverändert!
          CLC                  nein
          ADC   #4
          CMP   VORT           VORT > BRAUCHT + 4 Grad?
          BCS   AUS
          LDA   #1             ja, Vorlauf ein, Heizung aus
          STA   HEIZPUMP
          BNE   LIESBT         es wird immer verzweigt!
HEIZEN    LDA   #2
          STA   HEIZPUMP       Vorlauf aus, Heizung ein
BTLESEN   LDA   BTEIN
          CMP   #40            BRAUCHT > 39 Grad?
          BCC   BTLESEN
          BCS   AUS            ja, Heizung aus, Vorlauf aus
```

Tabelle 5.8 Programmliste Brauchwassererwärmung mit Sonnenkollektor

5.4.2 Wecker

Bild 5.5 zeigt das Flußdiagramm und Tabelle 5.9 den Assemblercode. In der gezeigten Lösung wird die Programmschleife in der Minute, in der die aktuelle Zeit mit der Weckzeit übereinstimmt, immer wieder durchlaufen. Der Summer wird also für die Dauer einer Minute plus der Zeitkonstante des Monoflops ertönen. Da wir die BCD → Binärkonvertierung zweimal benötigen, wird sie in einem Unterprogramm durchgeführt, dem die BCD-Zahl im Akku übergeben wird und das die Binärzahl im Akkumulator zurückgibt.

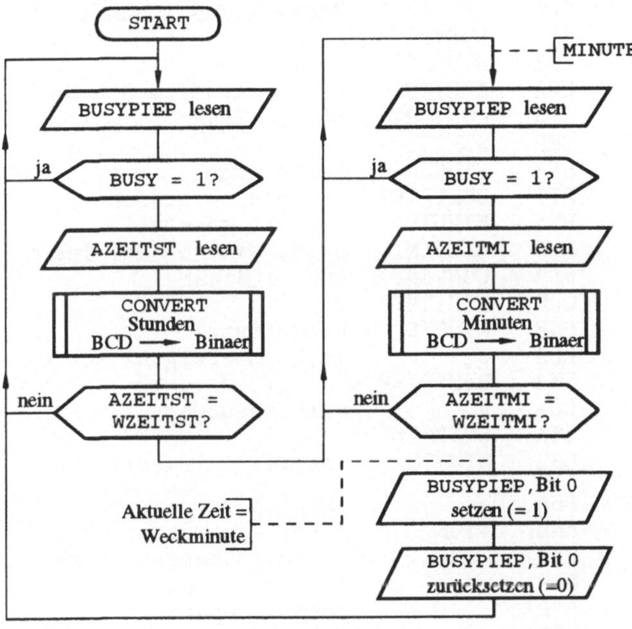

Bild 5.5 Flußdiagramm Wecker mit Uhrenbaustein

```
          ORG    $0000      Speicherplätze und Equates
WZEITMI   DS.B   1          Weckzeit (Minute, Binärzahl)
WZEITST   DS.B   1          Weckzeit (Stunde, Binärzahl)
EINER     DS.B   1          Zwischenspeicher
AZEITMI   EQU    $BD00      aktuelle Zeit (Minute)
AZEITST   EQU    $BD01      aktuelle Zeit (Stunde)
BUSYPIEP  EQU    $BD02      E/A-Zelle
          ORG    $C000      Programmstart
START     CLD               Dezimalflag löschen
STUNDE    BIT    BUSYPIEP
          BMI    STUNDE     Busybit gesetzt?
          LDA    AZEITST    nein, aktuelle Stunde lesen
          JSR    CONVERT    BCD → Binär
          CMP    WZEITST
          BNE    STUNDE     Weckstunde?
MINUTE    BIT    BUSYPIEP   ja, Minute prüfen
          BMI    MINUTE     Busybit gesetzt?
          LDA    AZEITMI    nein, Minutenwert lesen
          JSR    CONVERT    BCD → Binär
          CMP    WZEITMI
          BNE    MINUTE     Weckminute?
          LDA    #1         ja, Summersignal setzen
          STA    BUSYPIEP     ...und ...
          LDA    #0         zurücknehmen
          STA    BUSYPIEP
          BEQ    STUNDE     verzweigt immer!!
CONVERT   PHA               Akkuinhalt retten
          AND    #$0F       Einer separieren und ..
          STA    EINER      ... zwischenspeichern
          PLA               Akkuinhalt zurückholen
          LSRA              Zehner separieren
          LSRA
          LSRA
          LSRA
          TAX               kopieren
          CLC               Carry für Addition löschen
          LDA    #0         Anfangswert = 0
          CPX    #0         Zehner = 0?
          BEQ    ADEIN      dann verzweige
ADDIE     ADC    #10        Zehn addieren
          DEX               Zehner dekrementieren
          BNE    ADDIE      Zehner abschließend bearbeitet?
ADEIN     ADC    EINER      ja, Einer addieren
          RTS               binäres Ergebnis steht im Akku
          END
```

Tabelle 5.9 Programmliste Wecker

5.4.3 Ereigniserfassung – parallele und serielle Schnittstelle

Der serielle Betrieb ist nur mit den Anschlüssen `CB[2..1]` möglich, die damit nicht mehr für den Quittungsbetrieb zur Verfügung stehen. Da der Drucker im Quittungsbetrieb arbeiten muß, kann er nur noch an Port `A` betrieben werden. Die Ereigniseingänge müssen direkt an den Anschlüssen von Port `B` abgefragt werden (kein Latch-Betrieb). Hinweis: Für die Bearbeitung einer Aufgabe mit realen Bausteinen ist es unerläßlich, das Datenblatt des Herstellers heranzuziehen!

Aus Punkt 4 der Aufgabenstellung geht hervor, daß nur dieses Programm im System enthalten ist. Es wird nach dem Einschalten über den Reset-Vektor aktiviert und muß zu Beginn einige Register im Prozessor und im Ein-/Ausgabebaustein definiert setzen. Der Programmcode muß im EPROM stehen, für veränderbare Daten muß RAM bereitgestellt werden, das zumindest die beiden unteren Seiten umfaßt (Zero-Page und Stapelbereich).

Da die Nummer des jeweiligen Ereignisses in den Ausgabetext eingeblendet werden soll, wird der Text zwar im EPROM-Bereich definiert, aber während der Initialisierung in das RAM kopiert. In die Kopie kann die Nummer übertragen und anschließend ausgegeben werden.

1. Bild 5.6 zeigt den Schnittstellenbaustein mit den Anschlüssen zum Mikroprozessor und zur Peripherie. Der Baustein verfügt über 16 interne Register, die über die Anschlüsse `RS[3..0]` selektiert werden können. Der verfügbare Adreßbereich von 256 Byte (`A[15..0] = %1100 0000 XXXX XXXX`) wird unter Berücksichtigung eines invertierenden und eines nicht invertierenden Chipselekteingangs und des de Morgan-Theorems wie folgt zusammengefaßt:

$$\mathtt{CS1} = \mathtt{A15} \cdot \mathtt{A14}$$
$$\overline{\mathtt{CS2}} = \mathtt{A13} + \mathtt{A12} + \mathtt{A11} + \mathtt{A10} + \mathtt{A9} + \mathtt{A8}$$

   Mit diesen Gleichungen sind die Register nicht eindeutig ausdecodiert, jedes einzelne läßt sich unter $256/16 = 16$ verschiedenen Adressen ansprechen. Die Mehrdeutigkeit reduziert den Aufwand für die Adreßdecodierung.

2. Port `A` bedient den Drucker, es werden 8 Ausgänge benötigt (`[DDRA] = %1111 1111`). Port `B` erfaßt auf `PB[5..0]` die Ereignisse `X[5..0]`, die beiden anderen Anschlüsse werden nicht benötigt und vorsichtshalber zu Ausgängen deklariert (`[DDRB] = %1100 0000`).

   Das Periphere Steuerregister `PCR` legt die Bedeutung von `CA[2..1]` und `CB[2..1]` fest. Da `CB[2..1]` für das Schieberegister eingesetzt wird, sind die diesbez. Angaben ohne Bedeutung, es werden Nullen gesetzt. Der

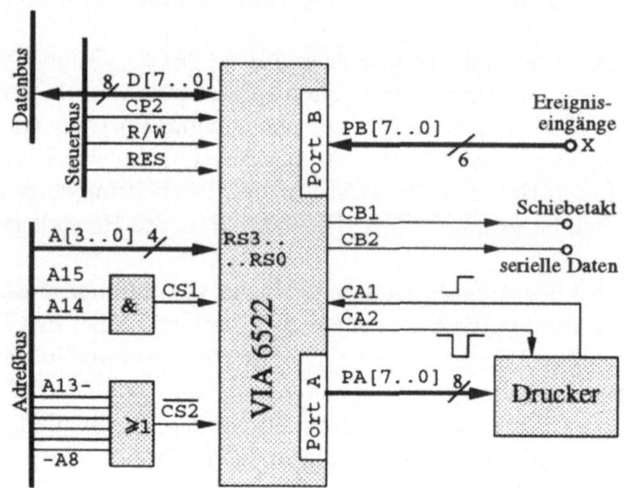

Bild 5.6 Signale des Ein-/Ausgabebausteins; X ist der Vektor der Ereignisse

Drucker verlangt einen Impuls an CA2 zur Übernahme und quittiert mit einem 0 → 1-Übergang für CA1 ([PCR] = %0000 1011).

Das Hilfssteuerregister ACR wird aus den folgenden Überlegungen zu %0001 0100 gesetzt:

Bits 7-6 Timer T1 sei nicht aktiv, die Bits werden zu 0 gesetzt.

Bit 5 ist ohne Bedeutung, da T2 für das Schieberegister eingesetzt wird (Bit5 = 0, s. o.)

Bits 4-2 = %101, da das Schieberegister unter Steuerung des Timers T2 ist.

Bit 1 = 0, da Port B Eingang ohne Latch ist.

Bit 0 ohne Bedeutung, weil Port A als Ausgang wirkt (= 0, da don't care nicht gesetzt werden kann).

Der Wert für T2CH, T2CL ergibt sich aus $2*(N+2) = 8$ zu $N = 2$ (8 CP2-Perioden je Periode des Schiebetaktes), → [T2CH] = %0000 0000, [T2CL] = %0000 0010.

3. Grobes Flußdiagramm, siehe Bild 5.7!

4. Initialisierungsroutine, siehe Tabelle 5.10, Zeile 1 - 49! Wenn das Programm nach einem Reset lauffähig sein soll, muß die Startadresse $F000 als Resetvektor an den Adressen $FFFC, $FFFD im EPROM stehen (Zeilen 101, 102).

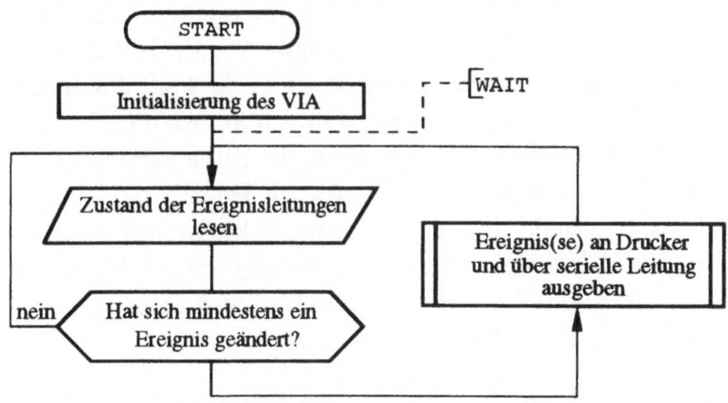

Bild 5.7 Grobes Flußdiagramm Ereigniserfassung und -ausgabe

Die Initialisierung beginnt mit dem Setzen bzw. Löschen des Interrupt- und des Dezimalflags sowie des Stapelzeigers; anschließend werden die Register des Schnittstellenbausteins, wie zuvor angegeben, gesetzt. Schließlich werden Speicherplätze gelöscht, die beim Programmstart keinen undefinierten Inhalt haben dürfen, und die Texte aus dem EPROM in den RAM-Bereich kopiert. In Zeile `43` wird die vom Assembler in Zeile `99` berechnete Textlänge um 1 vermindert und als unmittelbarer Operand interpretiert. Nach dem Einschalten des Systems ist keines der Statusbits des Schnittstellenbausteins gesetzt, so daß Zeile `36` auch entfallen kann. Man beachte die Besonderheit des E/A-Bausteins 6522, daß zum Löschen der Statusbits das MSB `0` sein muß und die zu löschenden Bits mit einer 1 gekennzeichnet sind (`$3F` löscht also alle Statusbits)!

5. Auf einem Speicherlatz `ERALT` wird das von den Eingängen gelesene Bitmuster des Ereignisvektors gespeichert. Nach dem nächsten Einlesen kann das neue Muster bitweise mit dem alten verglichen werden; jede Abweichung bedeutet, daß sich der logische Pegel der entsprechenden Ereignisleitung geändert hat. Um festzustellen, ob ein Ereignis neu aufgetreten oder weggefallen ist, wird für jedes Ereignis ein Speicherplatz im Feld `EREIG` reserviert, dessen Inhalt nach einer Änderung inkrementiert wird.

   Da die Inhalte dieser Speicherplätze bei der Initialisierung gelöscht wurden, bedeutet ein ungerader Wert (LSB = `1`), daß zuletzt das Ereignis eingetreten und ein gerader Wert, daß zuletzt das Ereignis weggefallen ist. Die Methode arbeitet auch beim Übergang von `$FF` → `$00` korrekt. Abfrage und Auswertung werden durch die Befehle der Zeilen `50 - 72` ausgeführt.

Das `X`-Register wird für indizierte Zugriffe auf die `EREIG`-Speicherplätze verwendet; sein Wert ist um 1 niedriger als die Nummer des Ereignisses. Bei der ASCII-Konvertierung in Zeile `63` muß daher eine 1 addiert werden; hierzu wird das von Zeile `56` noch gesetzte Carryflag verwendet. Die Ereignisnummer wird immer in beide Texte eingetragen, obwohl nur jeweils einer tatsächlich ausgegeben wird. Da alle Änderungen mit Zeile `53` erfaßt und jeweils durch eine `1` im Akkumulator repräsentiert sind, kann mit der `BNE`-Anweisung in Zeile `69` abgefragt werden, ob alle Änderungen erfaßt sind. Bild 5.8 zeigt das Flußdiagramm der Erfassung und Auswertung der Ereignisinformationen.

6. Da serielle und parallele Ausgabe denselben Sachverhalt betreffen und über denselben Schnittstellenbaustein erfolgen, werden beide Ausgaben zur Vereinfachung zusammengefaßt. Ein Zeichen wird in das Ausgaberegister `ORA` von Port `A` und in das Schieberegister `SREG` übertragen (hierbei werden automatisch evtl. gesetzte Statusflags gelöscht). Die Abfrageschleife (Zeilen `84 - 87`) wird erst verlassen, wenn Drucker- und serielle Ausgabe abgeschlossen sind. `EINWEG` ist ein Zwischenspeicher, dessen MSB eine `1` enthält, wenn ein Ereigniseintritt ausgegeben wird und das sonst eine `0` enthält. Die Zeichenausgabe erfolgt mit der Adressierungsart absolut-indiziert mit `Y`.

Das Flußdiagramm Bild 5.8 und das Assemblerquellprogramm Tabelle 5.10 sind auf den folgenden Seiten ausgedruckt.

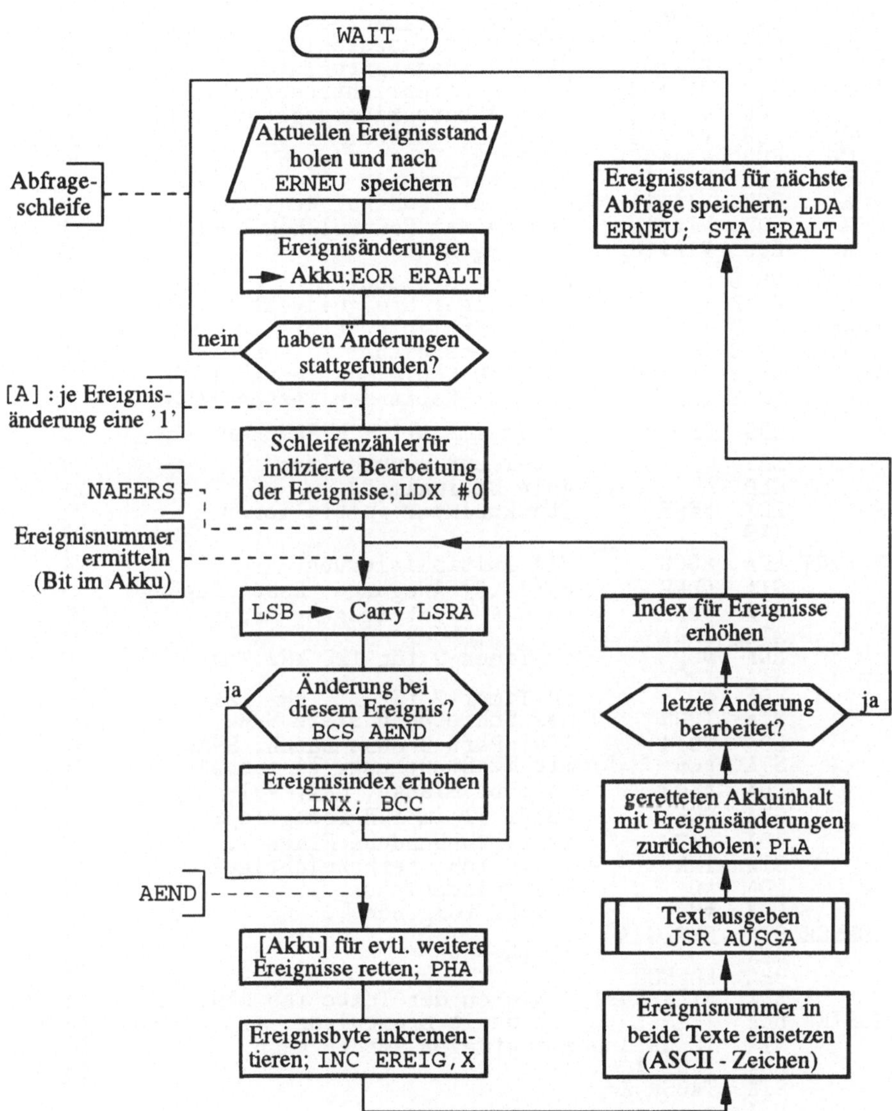

Bild 5.8 Flußdiagramm Ereigniserfassung und -ausgabe

```
*       Equates und Speicherreservierungen
        ORG   $0000      RAM-Bereich
VIA     EQU   $C000      Bausteinbasisadresse
IRB     EQU   VIA        Port B Eingangsregister
ORA     EQU   VIA+01     Port A Ausgangsregister
DDRB    EQU   VIA+02     Port B Datenrichtungsregister
DDRA    EQU   VIA+03     Port A Datenrichtungsregister
T2CL    EQU   VIA+08     Timer 2, Taktteiler LB
T2CH    EQU   VIA+09     Timer 2, Taktteiler HB
SREG    EQU   VIA+10     Schieberegister
ACR     EQU   VIA+11     Auxiliary Control Register
PCR     EQU   VIA+12     Peripheral Control Register
IFR     EQU   VIA+13     Flagregister
EREIG   DS.B  6          Ereignisspeicher
ERALT   DS.B  1          bisheriger Ereignisvektor
ERNEU   DS.B  1          neuer Ereignisvektor
EINWEG  DS.B  1          Zwischenspeicher f. Ausgabe
TEINK   DS.B  TLAENG     für RAM-Kopie des Textes TEIN
TWEGK   DS.B  TLAENG     für RAM-Kopie des Textes TAUS
        ORG   $F000      Programmstart - EPROM-Bereich
START   SEI              Interrupt ausschalten
        CLD              kein Dezimalmode
        LDX   #$FF       Stackpointer initialisieren
        TXS
VIAINI  LDA   #$C0       VIA-Initialisierung
        STA   DDRB       PB[7..6] Ausgänge, Rest Eingänge
        LDA   #$FF       Port A 8 bit-Ausgang Drucker
        STA   DDRA
        LDA   #02        LB Timer 2 für 125 kHz Takt
        STA   T2CL
        LDA   #0         HB Timer 2 für 125 kHz Takt
        STA   T2CH       des Schieberegisters SREG
        LDA   #$14       ACR: Port B ohne Latch, SREG
        STA   ACR        mit T2-Steuerung, T1 inaktiv
        LDA   #$0B       CA1: p. Flanke, CA2: Pulsausg.,
        STA   PCR        CB[2..1] im ACR festgelegt
        LDA   #$3F       evtl. vorhandene Flags ..
        STA   IFR          .. nicht berücksichtigen
        LDA   #0         Ereignisspeicher ..
        LDX   #8         .. und folgende ..
LOESCH  STA   EREIG,X
        DEX              .. löschen
        BPL   LOESCH
        LDX   #TLAENG-1  Kopieren der Texte ins RAM, ..
KOPIE   LDA   TEIN,X     ... damit Ereignisnr. ..
        STA   TEINK,X    eingetragen werden kann
        LDA   TAUS,X
        STA   TAUSK,X
        DEX
        BPL   KOPIE
WAIT    LDA   IRB        Ereignissignale holen
        AND   #$3F       Ereignisbits separieren
        STA   ERNEU      und speichern
        EOR   ERALT      Änderungen feststellen
```

```
       BEQ  WAIT    Warte, falls keine Änderung
       LDX  #0      Index f. Ereignisbearbeitung
NAEERS LSRA         LSB → Carry
       BCS  AEND    Änderung?
       INX          nein, nächstes Ereignis
       BCC  NAEERS
AEND   PHA          Änderungen retten
       INC  EREIG,X Änderung eintragen
       TXA          Carry noch gesetzt von LSRA!
       ADC  #$30    [X]+1+$30 = Ereignisnr. in ASCII
       STA  TEINK+WERT-1 in Text einfügen
       STA  TWEGK+WERT-1 in Text einfügen
       JSR  AUSGA   Text drucken und seriell ausgeben
       INX          Ereignisindex
       PLA          bei weiteren Änderungen
       BNE  NAEERS     verzweigen
       LDA  ERNEU   Ereignisstand ..
       STA  ERALT     .. umkopieren
       JMP  WAIT
       Unterprogramm
AUSGA  LDY  #0      Index für Textausgabe
       LDA  EREIG,X [X] = Ereignisnr.-1
       LSRA         LSB → Carry
       ROR  EINWEG  C → MSB
       BMI  EIN     Ereigniseintritt?
WEG    LDA  TWEGK,Y nein, Wegfalltext
       BEQ  TOVIA   verzweigt immer
EIN    LDA  TEINK,Y nein, Eintrittext
TOVIA  STA  ORA     → VIA-Ausgaberegister
       STA  SREG    und → VIA-Schieberegister
WAITV  LDA  IFR     Druckerquittung und ...
       AND  #$06
       CMP  #$06    .. SREG-Ausgabe abwarten
       BNE  WAITV
       INY          Textindex inkrementieren
       CPY  #TLAENG letztes Zeichen?
       BEQ  AUSGE   dann verzweigen
       BIT  EINWEG  Ereignis eingetreten?
       BMI  EIN     dann verzweige
       BPL  WEG
AUSGE  LDA  #0      Zwischenspeicher löschen
       STA  EINWEG
       RTS          Ende Ausgaberoutine
TEIN   DC.B 'Ereignis Nr.  ist eingetreten'
TWEG   DC.B 'Ereignis Nr.  ist weggefallen'
TLAENG EQU  TWEG-TEIN Textlänge
WERT   EQU  14      Position der Ereignisnr. im Text
       ORG  $FFFC   Resetvektor setzen
RESET  DC.W START   LByte, HByte Resetvektor
       END
```

Tabelle 5.10 Assemblerprogramm Ein-/Ausgabeoperationen mit dem Schnittstellenbaustein VIA 6522

5.5 Interruptgesteuerte Ereigniserfassung

Das den Interrupt auslösende Signal wird durch folgende Gleichung beschrieben (Punkt 1 der Aufgabenstellung):

$$Z := Y5 \oplus X5 + Y4 \oplus X4 + Y3 \oplus X3 + Y2 \oplus X2 + Y1 \oplus X1 + Y0 \oplus X0$$

Beim Auslösen des Interrupts am $\overline{\text{IRQ}}$-Eingang des Mikroprozessors wird die Interruptserviceroutine (ISR) über den IRQ-Vektor an den Adressen **$FFFE** und **$FFFF** gestartet. Sie löscht die Anforderung durch Lesen des Bausteinregisters IRB, damit nach ihrem Abschluß dieselbe Anforderung nicht erneut einen Interrupt auslöst und setzt **AENDER** für die Auswerteroutine auf **$FF** (s. Liste Tabelle 5.11), die daraufhin mit der Bearbeitung beginnt. Selbstverständlich könnte man auch die Ausgabe zusätzlich interruptgesteuert durchführen und in der übrigen Zeit andere Programme oder Interrupts bearbeiten, Problemstellungen dieser Art führen jedoch über den Rahmen des Buches hinaus. Bild 5.9 zeigt ein grobes Flußdiagramm der Abfrageschleife (Punkt 2 der Aufgabenstellung). Signalisiert die ISR durch Setzen des Flags eine Änderung, so wird es zunächst zurückgesetzt und dann mit der Auswertung und Ausgabe begonnen.

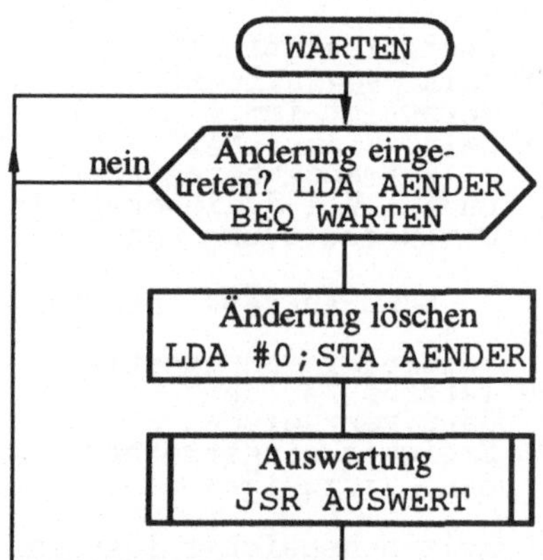

Bild 5.9 Flußdiagramm Abfrage der Änderungsmeldung

Verglichen mit der vorherigen Aufgabe, werden bei der Definition der Symbole statt derjenigen von Timer 2 die von Timer 1 eingeführt (Liste in Tabelle 5.11). Für die Interruptbearbeitung wird das Interrupt Enable Register IER angegeben. Das Schieberegister kann entfallen. Im Prinzip muß der Baustein 6522 nach dem Power On-Reset alle Bits in den Registern IFR und IER gelöscht haben, so daß die Zeilen 37 - 39 (Sicherheitsmaßnahme) entfallen könnten. IER-Bits werden auf die gleiche Weise gelöscht wie die des IFR (vorige Aufgabe) und individuell gesetzt durch eine zusätzliche 1 an Bitposition 7.

Im Ruhezustand verharrt das Programm in der Warteschleife der Zeilen 54 und 55. Tritt ein Interrupt auf, so verzweigt es mittels des IRQ-Vektors zur Interruptserviceroutine ab Zeile 101. Nach deren Abschluß durch `RTI` wird der Zählerstand des Folgebefehls der unterbrochenen Warteschleife vom Stapel in den Programmzähler zurückgeholt. Sobald die Änderung des Ereignisvektors am Inhalt von `AENDER` erkannt wird, wird die Warteschleife verlassen und mit der Auswertung und Ausgabe begonnen.

Die Assemblerquelle ist in Tabelle 5.11 auf den folgenden Seiten wiedergegeben (Punkt 3 der Aufgabenstellung).

```
*       Equates und Speicherreservierungen
        ORG   $0000       RAM-Bereich
VIA     EQU   $C000       Bausteinbasisadresse
IRB     EQU   VIA         Port B Eingangsregister
ORA     EQU   VIA+01      Port A Ausgangsregister
DDRB    EQU   VIA+02      Port B Datenrichtungsregister
DDRA    EQU   VIA+03      Port A Datenrichtungsregister
T1CL    EQU   VIA+04      Timer 1, Taktteiler LB
T1CH    EQU   VIA+05      Timer 1, Taktteiler HB
ACR     EQU   VIA+11      Auxiliary Control Register
PCR     EQU   VIA+12      Peripheral Control Register
IFR     EQU   VIA+13      Statusregister
IER     EQU   VIA+14      Interrupt Enable Register
EREIG   DS.B  6           Ereignisspeicher
ERALT   DS.B  1           bisheriger Ereignisvektor
ERNEU   DS.B  1           neuer Ereignisvektor
EINWEG  DS.B  1           Zwischenspeicher f. Ausgabe
AENDER  DS.B  1           Byte zur Änderungsanzeige
TEINK   DS.B  TLAENG      für RAM-Kopie des Textes TEIN
TWEGK   DS.B  TLAENG      für RAM-Kopie des Textes TAUS
        ORG   $F000       Programmstart - EPROM-Bereich
START   CLI               Interrupt zulassen
        CLD               kein Dezimalmode
        LDX   #$FF        Stackpointer initialisieren
        TXS
VIAINI  LDA   #$C0        VIA-Initialisierung
        STA   DDRB        PB[7..6] Ausgänge, Rest Eingänge
        LDA   #$FF        Port A 8 bit-Ausgang Drucker
        STA   DDRA
        LDA   #$F3        LB Timer 1 für 1 kHz Takt
        STA   T1CL
        LDA   #$01        HB Timer 1 für 1 kHz Takt
        STA   T1CH        am Takteingang des Schaltwerks
        LDA   #$C0        ACR: Rechtecksignal an
        STA   ACR              PB7
        LDA   #$1B        PCR: CA1- p. Flanke,
        STA   PCR              CA2: Pulsausg., CB1 p. Flanke
        LDA   #$3F        evtl. vorhandene Flags ..
        STA   IFR           .. nicht berücksichtigen
        STA   IEN         Interrupts abschalten
        LDA   #$90        Interrupt durch CB1 zulassen
        STA   IEN
        LDA   #0          Ereignisspeicher ..
        LDX   #9          .. und folgende ..
LOESCH  STA   EREIG,X
        DEX               .. löschen
        BPL   LOESCH
        LDX   #TLAENG-1   Kopieren der Texte ins RAM, ..
KOPIE   LDA   TEIN,X      ... damit Ereignisnr. ..
        STA   TEINK,X     eingetragen werden kann
        LDA   TAUS,X
        STA   TAUSK,X
        DEX
        BPL   KOPIE
WARTEN  LDA   AENDER      Änderung durch ISR erkannt?
        BEQ   WARTEN
        LDA   #0          ja, Meldung löschen
        STA   AENDER      und Änderungen bearbeiten
```

```
       LDA   ERNEU       Ereignissignale holen
       EOR   ERALT       Änderungen feststellen
       LDX   #0          Index f. Ereignisbearbeitung
NAEERS LSRA              LSB → Carry
       BCS   AEND        Änderung?
       INX               nein, nächstes Ereignis
       BCC   NAEERS
AEND   PHA               Änderungen retten
       INC   EREIG,X     Änderung eintragen
       TXA               Carry noch gesetzt von LSRA!
       ADC   #$30        [X]+1+$30 = Ereignisnr. in ASCII
       STA   TEINK+WERT in Text einfügen
       STA   TWEGK+WERT in Text einfügen
       JSR   AUSGA       Text drucken und seriell ausgeben
       INX               Ereignisindex
       PLA               bei weiteren Änderungen
       BNE   NAEERS      verzweigen
       LDA   ERNEU       Ereignisstand ..
       STA   ERALT         .. umkopieren
       JMP   WARTEN
       Unterprogramm
AUSGA  LDY   #0          Index für Textausgabe
       LDA   EREIG,X     [X] = Ereignisnr.-1
       LSRA              LSB → Carry
       ROR   EINWEG      C → MSB
       BMI   EIN         Ereigniseintritt?
WEG    LDA   TWEGK,Y     nein, Wegfalltext
       BEQ   TOVIA       verzweigt immer
EIN    LDA   TEINK,Y     nein, Eintrittext
TOVIA  STA   ORA         → VIA-Ausgaberegister
WAITV  LDA   IFR         Druckerquittung
       AND   #$02
       BEQ   WAITV       abwarten
       INY               Textindex inkrementieren
       CPY   #TLAENG     letztes Zeichen?
       BEQ   AUSGE       dann verzweigen
       BIT   EINWEG      Ereignis eingetreten?
       BMI   EIN         dann verzweige
       BPL   WEG
AUSGE  LDA   #0          Zwischenspeicher löschen
       STA   EINWEG
       RTS               Ende Ausgaberoutine
       Interruptserviceroutine
ISR    LDA   IRB         löscht IRQ-Anforderung des 6522
       STA   ERNEU       neuen Vektor speichern
       LDA   #$FF        Änderungsmeldung erzeugen
       STA   AENDER      (jeder von 0 verschiedene Wert)
       RTI               Return from Interrupt
TEIN   DC.B  'Ereignis Nr.  ist eingetreten'
TWEG   DC.B  'Ereignis Nr.  ist weggefallen'
TLAENG EQU   TWEG-TEIN Textlänge
WERT   EQU   14          Position der Ereignisnr. im Text
       ORG   $FFFC       Reset- und IRQ-Vektor setzen
RESET  DC.W  START,ISR LByte, HByte Reset-
       END               und Interruptvektor
```

Tabelle 5.11 Assemblerprogramm Ereignisinterrupt und -ausgabe mit dem Schnittstellenbaustein VIA 6522

Literaturverzeichnis

[1] Morgenstern Bodo: Elektronik Band 3, Digitale Schaltungen und Systeme, Vieweg, ISBN 3-528-03366-5, Wiesbaden 1992

[2] Fletcher William I.: An Engineering Approach to Digital Design, Prentice Hall, Englewood Cliffs, 1980

[3] Rübel Manfred: 16/32 bit-Mikroprozessorsysteme, Teubner, ISBN 3-519-06129-5, Stuttgart, 1991

[4] Horowitz Paul, Hill Winfield: The Art of Electronics, Cambridge University Press, Cambridge, 2nd. ed. 1989

Sachwortverzeichnis

— C —

— D —

— E —

— F —

— G —

— H —

— I —

— J —

— K —

— L —

— M —

— N —

— O —

— P —

— Q —

— R —

— S —

— T —

— U —

— V —

— W —

Neue Bücher von Vieweg

Elektronik - Aufgaben

von Bodo Morgenstern

Band 1: Bauelemente

1996. (Vieweg uni-script)
Kartoniert.
ISBN 3-528-07427-2

Aus dem Inhalt:

- Passive Bauelemente
- Halbleiter
- Transistoren
- Thyristoren

Band 2: Schaltungen

1996. (Vieweg uni-script)
Kartoniert.
ISBN 3-528-07428-0

Aus dem Inhalt:

- Passive Schaltungen
- Verstärker
- NF-Schaltungen
- Gleichspannungsverstärker
- Operationsverstärkerschaltungen
- Schaltverstärker
- Leistungsverstärker
- Oszillatorschaltungen
- FET-Schaltungen
- Spannungs- und Stromversorgungschaltungen

Verlag Vieweg - Postfach 15 47 - 65005 Wiesbaden - Fax 06 11/ 78 78-420